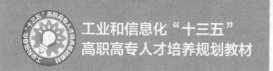

工业和信息化"十三五"
高职高专人才培养规划教材

C语言项目式系统
开发教程 微课版

The C Programming Language

彭顺生 ◎ 主编

黄海芳 方丽 邓杰 邓锐 ◎ 副主编

朱清妍 ◎ 主审

U0271398

人民邮电出版社

北 京

图书在版编目（CIP）数据

C语言项目式系统开发教程 / 彭顺生主编. -- 北京：
人民邮电出版社，2016.8（2021.6重印）
工业和信息化"十三五"高职高专人才培养规划教材
ISBN 978-7-115-42956-8

Ⅰ．①C… Ⅱ．①彭… Ⅲ．①C语言－程序设计－高等
职业教育－教材 Ⅳ．①TP312

中国版本图书馆CIP数据核字(2016)第165716号

内 容 提 要

本书针对计算机相关专业对 C 语言编程的技能要求，以"大案例，一案到底"的思路，借助"图书超市收银系统"项目的设计与实现来贯穿整个教学大纲的全部知识点。全书内容在涵盖基本程序语法的基础上，以实际任务实现为落脚点，通过"任务描述"，让学生首先了解要解决的实际问题；然后学习相关知识，奠定技术基础，通过任务实现，体现学以致用；最后通过项目实战提高学生的编程技术和能力。全书"理实一体"，真正实现"做中学，学中做"的教学方法。

本书在写作上由浅入深、循序渐进，采用实例化的编写方法，配合程序流程图帮助学生加强理解；算法设计逐步深入，重点知识配有微课视频，帮助读者自主学习。

本书可作为高等教育应用型本科院校和高职高专学校计算机相关专业的教材，也可作为各类计算机培训的参考教材。

◆ 主　编　彭顺生
　　副主编　黄海芳　方　丽　邓　杰　邓　锐
　　主　审　朱清妍
　　责任编辑　范博涛
　　责任印制　焦志炜

◆ 人民邮电出版社出版发行　　北京市丰台区成寿寺路 11 号
　　邮编　100164　　电子邮件　315@ptpress.com.cn
　　网址　http://www.ptpress.com.cn
　　大厂回族自治县聚鑫印刷有限责任公司印刷

◆ 开本：787×1092　1/16
　　印张：16.25　　　　　　　　　2016 年 8 月第 1 版
　　字数：405 千字　　　　　　 2021 年 6 月河北第 11 次印刷

定价：39.80 元

读者服务热线：(010)81055256　印装质量热线：(010)81055316
反盗版热线：(010)81055315

前言　FOREWORD

　　"C 语言程序设计"是计算机专业及理工类很多专业重要的基础课程之一。为适应计算机专业的发展，进一步提高计算机程序设计课程的教学质量，作者根据多年的教学经验，结合近几年教学改革的实践以及对人才培养的高标准要求，对教程进行整体设计。本书在设计上采用"大案例，一案到底"的思路，以一个"图书超市收银系统"的设计与实现来贯穿整个教学大纲的全部知识点。围绕"图书超市收银系统"的功能设计，将本书分为 9 个项目，每个项目中又有 2~3 个任务，学会实现任务的同时，也融入了 C 语言的语法、程序结构、函数、指针等相关知识内容。

　　通过几年教学实践，我们发现在教学中较早引入算法的概念和设计算法的基本方法，有利于培养学生的综合应用能力，对培养应用型、技能型人才也是有益的。实践证明，通过用流程图来表达算法，能使学生更好地理解结构化程序设计的思想，掌握 C 语言程序设计的核心。

　　本书通俗易懂，实例丰富，理论知识与实践操作紧密结合。既有各个任务点的具体实现，又有相关知识面的详细讲解，本书具有以下特色。

　　1. 案例丰富，启发性强

　　本书精选了丰富的程序，大部分程序都在 Visual C++ 6.0 环境下通过验证，并且对程序的结构，函数的设计，变量的设置进行了恰当的注释和说明。其中大量的程序案例留有可进一步探讨的余地，激发读者的学习兴趣，培养想象力和创新思维能力。

　　2. 问题分析引导，算法流程图规范

　　通过对问题的分析引导，找出解决问题的关键，并给出规范的流程图，强化解决问题的科学过程和手段，培养读者独立思考和解决问题的能力。

　　3. 配套相关习题

　　为巩固所学的理论知识，每章都附有习题以帮助读者理解基本概念，通过理论联系实际地进行书面练习和上机编写程序，进一步熟练掌握 C 语言的基本思想和基本语句，提高程序设计能力。

　　本书由彭顺生、黄海芳、方丽、邓杰、邓锐编写，朱清妍主审。感谢湖南信息职业技术学院计算机工程学院各位领导同事的支持和关心。由于作者水平有限，书中难免存在不妥与疏漏之处，请广大读者批评指正。

编者

2016 年 6 月

目录　CONTENTS

项目 1
使用 C 语言实现图书超市收银系统

随着信息技术的日益发展，信息管理系统深入到每个人的日常工作与生活中。传统的收银管理依靠收银员个人的计算来进行，效率较低，尤其是购买的商品数量很多时很容易出错。图书超市收银系统很好地解决了收银工作中存在的问题，减轻了收银员的负担，提高了收银的效率。

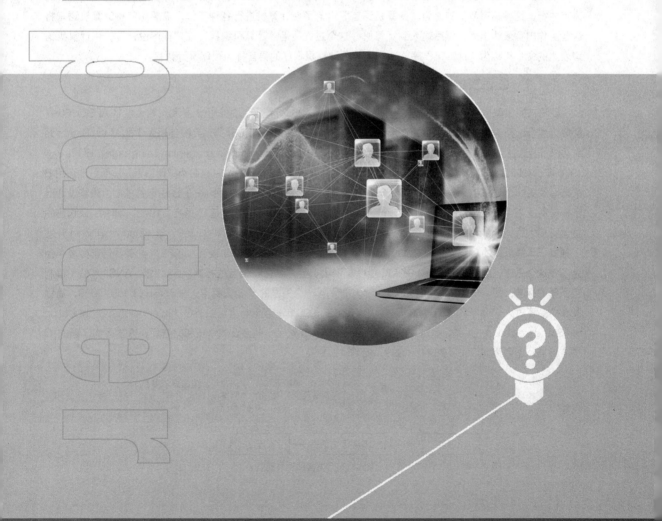

任务 1.1　熟悉 C 程序设计语言

● 了解 C 语言的形成、发展和基本特点；
● 掌握 C 语言程序的基本结构和组成。

熟悉 C 程序设计语言

本次任务是掌握 C 语言程序设计的基本框架，使读者能够编写运行简单的 C 程序，通过从键盘上输入两个整数，然后输出这两个整数的和。

正如人与人之间通过各种语言进行沟通一样，我们和计算机交流也需要用计算机和用户都能够理解的语言才行，这种语言我们称之为"计算机语言"。为了使计算机进行各种工作，需要用某种计算机语言将这些工作内容表达出来，然后输入到计算机，这个过程便是"计算机编程"或"程序设计"，用计算机语言表达的命令集称为"计算机程序"，用于编写计算机程序的语言称为程序设计语言。

1.1.1　C 语言的发展

C 语言的原型是 ALGOL60 语言，也称为 A 语言。1963 年，英国的剑桥大学和伦敦大学将 ALGOL60 发展成为混合编程语言（Combined Programming Language，CPL）。1967 年，英国剑桥大学的 Matin Richards 对 CPL 语言进行了简化，推出了基础混合编程语言（Basic Combined Programming Language，BCPL）。1970 年，美国贝尔实验室的 Ken Thompson 将 BCPL 进行了修改，并为它起名为"B 语言"。而且他还用 B 语言写了第一个 UNIX 操作系统。1972 年，美国贝尔实验室的 Dennis Ritchie 在 B 语言的基础上最终设计出了一种新的语言，他取了 BCPL 的第二个字母作为这种语言的名字，这就是 C 语言。1973 年年初，C 语言的主体完成之后，Thompson 和 Ritchie 迫不及待地开始用它完全重写了 UNIX。1977 年，Dennis Ritchie 开发了独立于具体机器的 C 语言编译文本。1978 年贝尔实验室正式发表了 C 语言。1982 年，美国国家标准学会为了使这个语言健康地发展下去，决定成立 C 标准委员会，建立 C 语言的标准。1983 年，ANSI 为 C 语言制定了新的标准，即 ANSI C。1989 年，ANSI 发布了第一个完整的 C 语言标准——ANSI X3.159–1989，简称"C89"，不过人们也习惯称其为"ANSI C"。C89 在 1990 年被国际标准组织 ISO（International Organization for Standardization）采纳，也称"C90"。1999 年，在做了一些必要的修正和完善后，ISO 发布了新的 C 语言标准，命名为 ISO/IEC 9899：1999，简称"C99"。

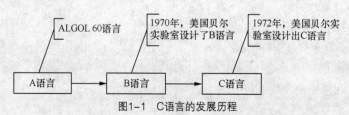

图1-1　C语言的发展历程

1.1.2　C 语言的特点

C 语言是一种通用的程序设计语言，既可以编写系统应用程序，也可以作为应用程序设计语言，具有如下特点。

（1）结构化的程序设计语言

结构化程序设计语言的显著特点是代码与数据的分隔，即程序的各个部分除了必要的信息交流外彼此独立。这种结构化方式可以让程序的层次结构更清晰，从而便于程序的使用、维护以及调试。C 语言是以函数形式提供给用户的，这些函数可方便地调用，并具有多种循环、条件语句控制程序流向，从而使程序完全结构化。

（2）具有丰富的数据类型

C 语言的数据类型有：整型、实型、字符型、数组类型、指针类型、结构体类型和共用体类型等，能用来实现各种复杂数据结构的运算，并引入了指针概念，进一步提高了程序的效率。

（3）具有丰富的运算符

C 语言的运算符包含的范围很广泛，共有 34 种。C 语言把括号、赋值和强制类型转换等都作为运算符处理。从而使 C 语言的运算类型极其丰富，表达式类型多样化。

（4）语言简洁紧凑、书写灵活方便

C 语言一共有 32 个关键字、9 种控制语句，程序书写形式自由，且区分大小写。只要符合 C 语言的语法规则，程序书写的格式并不受严格限制。

（5）允许直接访问物理地址，对硬件进行操作

由于 C 语言允许直接访问物理地址，可以直接对硬件进行操作，因此它既具有高级语言的功能，又具有低级语言的许多功能，能够像汇编语言一样对位（bit）、字节和地址进行操作，而这三者是计算机最基本的工作单元，可用来编写系统软件。

（6）生成目标代码质量高，程序执行效率高

C 语言描述问题比汇编语言迅速，工作量小、可读性好，易于调试、修改和移植，而代码质量与汇编语言相当。C 语言一般只比汇编程序生成的目标代码效率低 10%～20%。

（7）程序移植性好

C 语言程序本身独立于机器硬件，可从一种环境换到另一种环境中运行，能被广泛地移植到各类计算机上，从而形成了多种版本的 C 语言。

1.1.3　简单的 C 语言程序

用 C 语言编写的程序称为 C 程序或 C 源程序。下面通过一个简单的程序来初步了解一下 C 语言程序。

简单的 C 语言程序

【例 1-1】一个简单的 C 程序。

```
#include <stdio.h>
int main()
{
    printf("Hello, world!\n");      /*输出要显示的字符串*/
    return 0;                       /* 程序返回0*/
}
```

程序运行结果：

```
Hello world!
Press any key to continue
```

程序分析如下。

（1）#include 指令

程序中的第一行：

```
#include <stdio.h>
```

这条语句中的 include 称为文件包含命令，其功能是把尖括号（<>）内指定的文件包含到本程序中，成为程序的一部分。这里被包含的文件通常是由系统提供的头文件（其扩展名为.h）。C语言的头文件中包括了各个标准库函数的函数原型。"stdio.h"文件包含了标准输入/输出函数的定义。

（2）main 函数头

程序中的第2行：

```
int main()
```

这条语句代表 main()函数的函数头部分，int 代表函数的返回值类型为整型。main()函数是程序的入口点。也就是说，程序都是从 main()函数开始执行的。

（3）函数体

程序中的第3行到第6行：

```
{
    printf("Hello, world!\n");      /*输出要显示的字符串*/
    return 0;                       /* 程序返回 0*/
}
```

一个函数分为两个部分，一部分是函数头，另一部分是函数体。程序中的第3行和第6行这两个大括号中的语句构成了函数体，即第4行和第5行的语句就是函数体中要执行的内容。

（4）执行语句

程序中的第4行：

```
printf("Hello, world!\n");          /*输出要显示的字符串*/
```

执行语句就是函数体中要实现的操作。这条语句实现向控制台输出字符串"Hello，world"。printf()是格式化输出函数，括号中的内容称为函数的参数。其中的"\n"符号代表回车换行。

（5）return 语句

程序的第5行：

```
return 0;                           /* 程序返回 0*/
```

这条语句使 main 函数结束运行，并返回一个整型常量"0"，return 相当于 main()函数的结束标志。一般默认约定 return 0 是正常退出程序，return 非零是异常退出程序，它是给操作系统识别的，对你的程序无影响。如果将函数定义 void main()可以不用返回值。

（6）注释

程序中的第4行和第5行后面都有一段关于代码的文字描述。

```
printf("Hello, world!\n");          /*输出要显示的字符串*/
return 0;                           /* 程序返回 0*/
```

这段对代码的文字描述称为代码的注释。添加注释是为了帮助自己或他人阅读程序时，能够理解程序代码的含义和设计思想。"//"用于单行注释符，也就是说，注释中不能出现换行符；而"/*…*/"用于多行注释，注释中可以出现换行符。

【例 1-2】一个完整的 C 语言程序。

本例要求实现这样的功能：输入圆半径，计算并输出圆的面积。

```
#include <stdio.h>
#define PI 3.1415926
double calculate(float r);
int main()
{
    float r;                                /*定义 float 型变量，代表圆的半径*/
    double area;                            /*定义 double 型变量，代表圆的面积*/
    printf("Please input the radius: ");    /*输出提示信息*/
    scanf("%f",&r);                         /*输入圆的半径*/
    area=calculate(r);                      /*调用函数，计算圆的面积*/
    printf("The area is %f\n",area);        /*输出圆的面积*/
    return 0;
}
double calculate(float r)
{
    double s= PI*r*r;                       /*实现计算面积*/
    return s;                               /*将计算的结果返回*/
}
```

程序运行结果：

```
Please input the radius:2.5✓
The area is 19.634954
```

程序分析如下。

（1）定义常量

程序中的第二行：

```
#define PI 3.1415926
```

这条语句的功能是用#define 定义一个符号 PI，并且指定这个符号代表的值为 3.1415926。

（2）函数声明

程序中的第三行：

```
double calculate(float r);
```

这条语句的功能是说明在程序代码的后面会有 calculate()函数的具体定义，如果程序中调用 calculate()函数，就会执行 calculate()函数中的定义来执行有关的操作。

（3）定义变量

程序中的第 6、7 行：

```
float r;
double area;
```

这两条语句都是定义变量的语句。变量是用来存储数据的，C 语言中变量必须先定义再使用，这样编译器就可以根据变量的类型为变量分配内存空间。

（4）输入语句

程序中第 9 行：

```
scanf("%f",&r);
```

在 C 语言中，scanf()函数用于接收键盘输入的内容，并将输入的数据保存到相应的变量中。其中的&符号是取地址运算符。

由以上分析可以看出本例程序的流程，如图 1-2 所示。

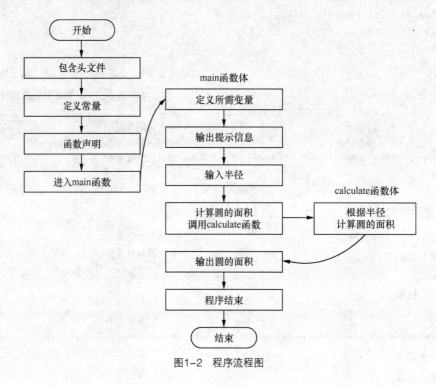

图1-2 程序流程图

通过对上述两个程序实例的分析可以看出 C 程序具有以下特点。

① 一个 C 程序可以包含文件包含指令、预处理指令、变量声明、函数声明、主函数和函数定义共 6部分。

② C 程序整体是由函数构成的，程序总是从 main()函数开始执行，与 main()函数在程序中的位置无关。

③ C 程序中每个语句都以分号结束。

④ C 程序的书写区分英文字母的大小写，一般情况使用小写字母。

任务实现

步骤 1：启动 Visual C++ 6.0，选择【开始】→【程序】→Microsoft Visual Studio 6.0→Microsoft Visual C++ 6.0 命令进入 VC++ 6.0 编程环境。

步骤 2：新建文件（task1.c）。选择【文件】→【新建】命令，选择【文件】选项卡，选择 C++ Source Files 项，修改文件保存"目录"和"文件"（文件名），单击【确定】按钮。

步骤 3：在编辑窗口输入源程序，并保存。

```
#include<stdio.h>
int main()
{
```

```
    int x,y;
    printf("从键盘上输入整数：x=");
    scanf("%d",&x);
    printf("从键盘上输入整数：y=");
    scanf("%d",&y);
    printf("x+y=%d\n",x+y);
    return 0;
}
```

步骤 4：编译检查语法错误。选择【编译】→【编译】命令或按 Ctrl+F7 组合键，在产生的【工作区】对话框中，单击【是】按钮。

步骤 5：连接。选择【编译】→【组建】命令或按 F7 键。

步骤 6：运行。选择【编译】→【执行】命令或按 Ctrl+F5 组合键。

程序运行结果：

```
从键盘上输入整数：x=6↙
从键盘上输入整数：y=7↙
x+y=13
```

任务 1.2　熟悉编程环境

学习目标

- 了解 C 语言开发工具以及学会使用 Visual C++ 6.0 编辑和调试简单的程序；
- 掌握图书超市收银系统项目的基本功能。

熟悉编程环境

任务描述

本次任务是熟悉图书超市收银系统的编程环境，掌握 C 语言的编程环境 Visual C++，掌握编辑、编译、连接和运行 C 程序的基本步骤，掌握 C 语言编程环境的使用步骤与操作方式。

相关知识

开发一个 C 程序，一般要经历编辑、编译、连接和运行 4 个步骤。Visual C++ 6.0 集成开发工具是一个经过整合的软件系统，将编辑器、编译器、连接器和其他软件单元集合在一起。在这个工具里，程序员可以很方便地对程序进行编辑、编译、连接及跟踪程序的执行过程，以便寻找程序中的问题。

1.2.1　C 语言的执行过程

C 语言程序的上机执行过程一般要经过编辑、编译、连接和运行 4 个步骤，如图 1-3 所示。下面分别说明程序的执行过程。

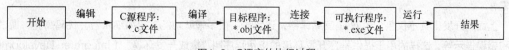

图1-3　C 语言的执行过程

① 编辑 C 源程序。编辑是用户把编写好的 C 语言源程序输入到计算机，并以文本文件的形式存储在磁盘上。其标识为："文件名.c"。其中文件名是由用户指定的符合 C 标识符规定的任意字符组合，扩展名要求为".c"，表示是 C 语言源程序，如 hello.c、first.c 等。

② 编译 C 源程序。编译是把 C 语言源程序翻译成用二进制指令来表示的目标文件。编译过程由 C 编译系统提供的编译程序完成。编译程序自动对源程序进行句法和语法检查，当发现错误时，就将错误的类型和所在的位置显示出来，提供给用户，以帮助用户修改源程序中的错误。如果未发现句法和语法错误，就生成目标文件"文件名.obj"。扩展名".obj"是目标程序的文件类型标识。

③ 程序连接。程序连接过程是用系统提供的连接程序 LINK 将目标程序、库函数或其他目标程序连接生成可执行程序。可执行程序的文件名为："文件名.exe"，扩展名".exe"是可执行程序的文件类型标识。有的 C 编译系统把编译和连接放在一个命令文件中，用一条命令即可完成编译和连接，减少了操作过程。

④ 运行程序。运行程序是指将可执行程序投入运行，以获取程序处理的结果。如果程序运行结果不正确，可重新回到第（1）步，重新对程序进行编辑、编译和运行。

必须指出，对不同型号计算机上的 C 语言版本，上机环境各不相同，编译系统支持性能各异，但逻辑上是基本相同的。下面介绍 C 语言开发环境。

1.2.2　C 语言开发工具

常用的 C 语言开发工具有很多，每个开发工具所支持的库函数和对标准的实现都有差异。对于初学者，选择一款使用广泛、上手容易的开发工具非常重要。在 Windows 平台下推荐使用 VC6.0 或 VS。

1. Visual C++ 6.0

Visual C++ 6.0 简称 VC 或者 VC6.0，是微软公司于 1989 年推出的一款 C/C++编译器，其界面友好，调试功能强大。VC6.0 是一款革命性的经典产品，应用非常广泛，至今仍然有很多企业和个人在使用，很多高校也将 VC6.0 作为 C 语言的教学基础，作为上机实验的工具。本教程中的代码，也都是在 VC6.0 下运行通过的。

（1）VC6.0 精简版（15M/16M）

VC6.0 精简版维持了原版 VC6.0 的界面，解决了兼容性问题，简化了安装过程，可以在 XP、Win7 和 Win10 系统下完美运行。

（2）C-Free MSCL 版（42M）

C-Free MSCL 版是在 C-Free 5.0 基础上集成了 Visual Studio 10.0 SP1 的编译器、调试和绿色部署工具等，支持 XP、Win7、Win8，相当于给 Visual Studio 10.0 SP1 换了个界面。

2. Visual Studio

微软后来对 VC6.0 进行了升级，并更名为 Visual Studio（缩写为 VS），支持更多的编程语言，更加强大的功能，不过 Visual Studio 文件很大，有 3G 左右，大部分功能初学者暂时不会用到；而且 Visual Studio 占用资源较多，不建议配置低的机器使用。

作为 C 语言初学者而言，应该尽快搭建起编程环境，实际运行几个 C 语言程序，找到学习的乐趣和成就感。而不是追求功能强大的开发工具，VC6.0 精简版和 C-Free MSCL 完全可以满足初学者的需求。

上面的开发工具不仅包含了 C 语言编译器，还包含了很多辅助功能，比如编辑器、代码高亮、调试功能和错误提示等，这样的用于提供程序开发环境的应用程序叫"集成开发环境"（Integrated Development

Environment，IDE），一般包括代码编辑器、编译器、调试器和图形用户界面工具。集成了代码编写功能、分析功能、编译功能、调试功能等一体化的开发软件服务套件。

1.2.3　使用 Visual C++6.0 开发程序

Visual C++6.0 是美国微软公司开发的 C++集成开发环境，它集源程序的编写、编译、连接、调试、运行，以及应用程序的文件管理于一体，是当前 PC 机上最流行的 C 及 C++程序开发环境。使用流程如下所示。

（1）新建 Win32 Console Application 工程

打开 VC6.0，如图 1-4 所示。

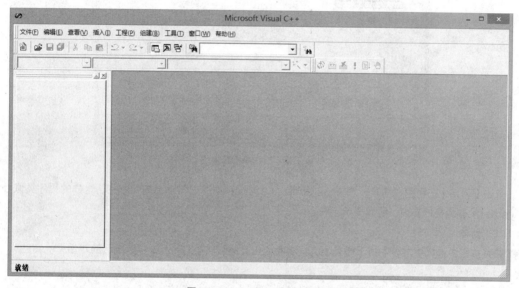

图1-4　Visual C++6.0开发界面

在菜单栏中选择【文件】→【新建】，或者按 Ctrl+N 组合键，弹出图 1-5 所示的对话框。

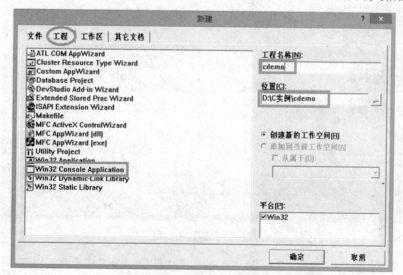

图1-5　新建工程界面

切换到【工程】选项卡，选择"Win32 Console Application"，填写工程名称和路径，单击【确定】按钮，会弹出一个对话框询问类型，这里选择"一个空工程"，如图 1-6 所示。

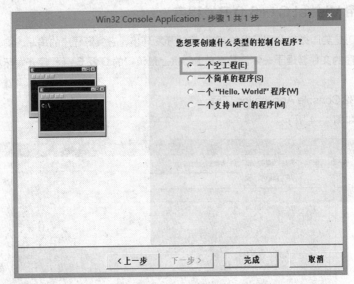

图1-6　工程类型界面

单击【确定】按钮完成创建。"Win32 Console Application"是控制台应用程序，这样的程序类似 doc 或 cmd，没有漂亮的界面，可以显示字符。

（2）新建 C 源文件

在菜单栏中选择【文件】→【新建】，或者按 Ctrl+N 组合键，弹出图 1-7 所示的对话框。

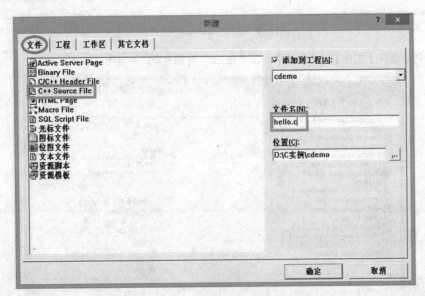

图1-7　新建文件对话框

切换到【文件】选项卡，选择"C++ Source File"，填写文件名，单击【确定】按钮完成操作。该步骤是向刚才创建的工程添加源文件；C 语言源文件一般以.c 为后缀。

（3）编写C语言代码

在工作空间中可以看到刚才创建的工程和源文件，如图1-8所示。

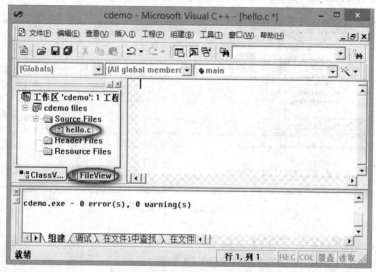

图1-8 C程序编辑界面

双击 hello.c，进入编辑界面，输入例 1.1 中的代码。

（4）编译并运行代码

C 语言源代码，必须要经过编译、组建（也被称为"链接"）和运行才能看到输出结果。

① 编译是将 C 语言程序代码"翻译"成机器码（这里可以理解成 0 和 1 序列）。

② 组建是将工程所需的所有资源集合到一起，最终生成.exe 文件。

③ 运行就是执行.exe 程序，和运行其他程序一样，双击即可。

编译、组建、运行的功能可以在"组建"菜单中找到，如图 1-9 所示。

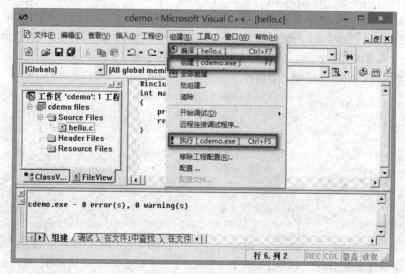

图1-9 编译运行界面

更加简单的方法是使用快捷方式，如图 1–10 所示。

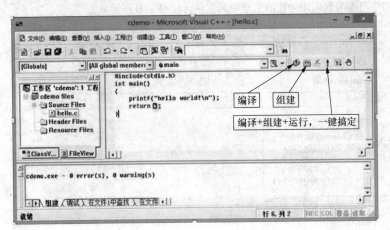

图1–10　编译运行快捷操作界面

对于初学者，最常用的是运行按钮 ！，编写完代码，一次单击就可以看到输出结果。也可以使用组合键：Ctrl+F7（编译）、Ctrl+F5（运行）或快捷键 F7（组建）。

编写完源代码并保存后，单击运行按钮 ！或按组合键 Ctrl+F5，如果程序正确，可以看到运行结果如下。

```
Hello world!
Press any key to continue
```

这样就已经完成了第一个 C 语言程序，编译生成的.exe 文件在工程目录下的 Debug 文件夹内。以上面的工程为例，路径为 D:\C 实例\cdemo，就看到有一个 Debug 文件夹，进入文件夹可以看到 cdemo.exe。

任务实现

步骤 1：启动 Visual C++ 6.0，选择【开始】→【程序】→Microsoft Visual Studio 6.0→Microsoft Visual C++ 6.0 命令进入 VC++ 6.0 编程环境。

步骤 2：新建文件（task2.c）。选择【文件】→【新建】命令，选择【文件】选项卡，再选择 C++ Source Files 项，修改文件保存"目录"和"文件"（文件名），单击【确定】按钮。

步骤 3：在编辑窗口输入源程序，并保存。

```c
#include<stdio.h>
int main()
{
   printf("****\n");
   printf("***\n");
   printf("**\n");
   printf("*\n");
   return 0;
}
```

步骤 4：编译检查语法错误。选择【编译】→【编译】命令或按 Ctrl+F7 组合键，在产生的【工作区】对话框中，单击【是】按钮。

步骤 5：连接。选择【编译】→【组建】命令或按 F7 键。

步骤 6：运行。选择【编译】→【执行】命令或按 Ctrl+F5 组合键。输出结果如图 1-11 所示。

图1-11 效果图

项目实战——图书超市收银系统分析设计

1. 需求描述

一个软件系统的设计与开发通常从用户需求分析开始，通过总体设计、详细设计和代码编写形成程序，经过系统测试和调试、修改工作，最终完善系统并交付用户正式使用。

本书选取"图书超市收银系统"案例，案例流程简单，主要实现图书基本信息管理（进货）、图书销售结算和图书销售历史记录查询等。系统主要功能模块如图 1-12 所示。

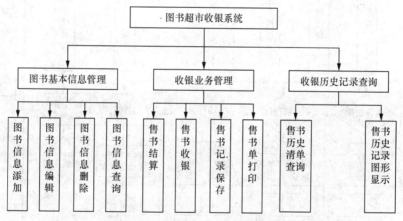

图1-12 图书超市收银系统功能模块

通过对"图书超市收银系统"项目的设计与编程实现，结合初学者对知识的认知过程，将案例拆分为图书超市收银系统项目认知、图书超市收银系统主菜单设计与实现、系统子菜单设计与实现、系统主菜单与子菜单关联、添加图书信息功能实现、购书结算处理功能设计与实现、图书信息编辑功能实现、售书历史清单记录功能的设计与实现、售书曲线图等 9 个训练任务，各任务的相关说明如下。

（1）图书超市收银系统项目认知

图书超市收银系统项目认知让读者明确项目完成的功能，熟悉 C 控制台项目的优点，熟悉项目操作流程，项目操作流程如图 1-13 所示。

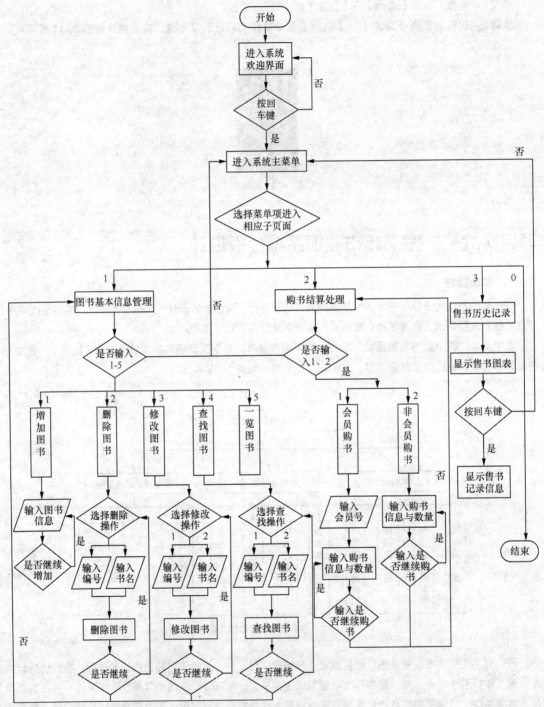

图1-13　图书超市收银系统流程

（2）图书超市收银系统主菜单设计与实现

程序运行后启动欢迎界面，如图 1-14 所示。

系统主菜单是操作员进入系统的主要入口，菜单项如图 1-15 所示。

图1-14　图书超市收银系统欢迎界面

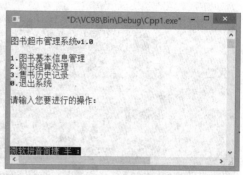

图1-15　系统主菜单

（3）系统子菜单设计与实现

① 图书基本信息管理子菜单如图 1-16 所示。

② 购书结算处理如图 1-17 所示。

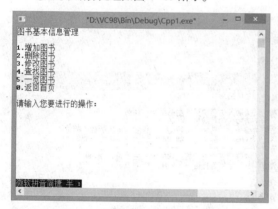

图1-16　图书基本信息管理子菜单

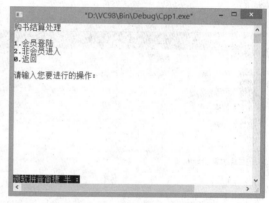

图1-17　购书结算处理子菜单

③ 售书历史记录。包括售书曲线图和售书文件记录两种方式。

售书曲线图：操作员进入售书曲线图菜单后，通过图形的方式直观地告诉操作员年度、季度和月份的售书情况变化，实时调整销售策略，如图 1-18 所示。

售书文件记录：在购书结算界面，可将购书小票单即售书历史记录保存到文件中，方便做销售统计、盘点等操作，如图 1-19 所示。

（4）系统主菜单与子菜单关联

操作员进入系统主界面，选择相应的操作（即输入对应数字 1、2、3、0），进入对应子菜单，实现主菜单与子菜单的关联，同时输入对应字符能返回到上级菜单。

（5）添加图书信息功能实现

操作员进入图书添加界面，可以根据提示输入图书对应信息，输入完成后图书添加成功，可选择继续添加图书或退出，如图 1-20 所示。

（6）购书结算处理功能设计与实现

操作员进入图书结算处理界面，选择是会员结算或非会员结算，然后再输入购买图书的编号、数量信息进行结算，并显示购书小票单，如图 1-21 所示。

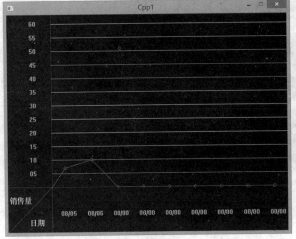

图1-18　销售曲线图

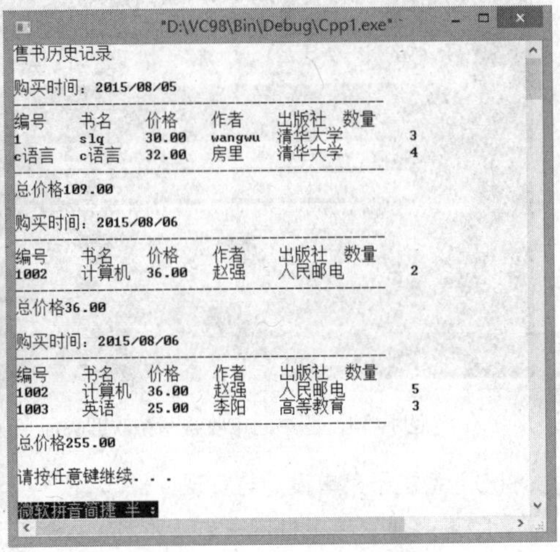

图1-19　销售历史记录

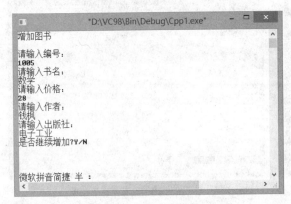

图1-20　添加图书信息

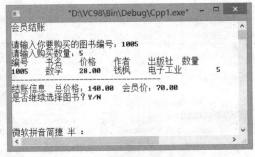

图1-21　会员购书结算处理

（7）图书信息编辑功能实现

操作员进入图书信息编辑界面，选择修改图书菜单，输入图书编号查询需要修改的图书，输入修改图书信息，完成修改操作。选择删除图书菜单，输入图书编号删除图书信息。

（8）售书历史清单记录功能的设计与实现

在收银结账时，系统将本次售书信息记录到文件中，以便日后可以查看售书历史清单。

（9）绘制售书曲线图

操作员进入图书超市收银系统主界面，选择3（售书历史记录），从文件中获取售书历史清单，绘制曲线图。

本节主要描述了"图书超市收银系统"的功能，让读者了解项目，明确项目操作流程，为后续章节开发项目打下基础。

2. 体验"图书超市收银系统"在 VC++的环境下编译与运行

项目小结

本节主要介绍了 C 语言发展过程和基本特点，介绍了 C 语言程序的基本结构，让读者对 C 语言程序的组成有了一个初步的了解。本节还介绍了 C 语言程序的开发过程：编辑源程序、编译源程序、生成可执行的程序、运行程序。同时还介绍了一种适合开发 C 语言程序的开发工具，即 Visual C++ 6.0，并让读者学会使用它来编辑和调试简单的程序。最后，介绍了教材案例"图书超市收银系统"的基本功能。

习题一

一、选择题

1. 一个 C 程序是由（   ）的。

   A. 一个主程序和若干子程序组成   B. 一个或多个函数组成

   C. 若干过程组成   D. 若干子程序组成

2. C 语言程序的基本单位是（   ）。

   A. 程序行   B. 语句   C. 函数   D. 字符

3. 下列说法中，错误的是（   ）。

   A. 每个语句必须独占一行，语句的最后可以是一个分号，也可以是一个回车换行符号

   B. 每个函数都有一个函数头和一个函数体，主函数也不例外

   C. 主函数只能调用用户函数或系统函数，用户函数可以相互调用

   D. 程序是由若干个函数组成的，但是必须有且只有一个主函数

4. 以下说法中正确的是（   ）。

   A. C 语言程序总是从第一个定义的函数开始执行

   B. 在 C 语言程序中，要调用的函数必须在 main()函数中定义

   C. C 语言程序总是从 main()函数开始执行

   D. C 语言程序中的 main()函数必须放在程序的开始部分

5. C 编译程序是（   ）。

   A. C 程序的机器语言版本   B. 一组机器语言指令

   C. 将 C 源程序编译成目标程序   D. 由制造厂家提供的一套应用软件

二、填空题

1. C 语言源程序文件的扩展名是＿＿＿＿＿，经过编译后生成文件的扩展名是＿＿＿＿＿，经过链接后生成文件的扩展名是＿＿＿＿＿。

2. C 语言的关键字都用＿＿＿＿＿（大写或小写）。

3. 一个函数由两部分组成，它们是＿＿＿＿＿、＿＿＿＿＿。

三、问答题

1. C 程序语言的主要特点是什么？

2. 设计 C 语言程序，在屏幕上输出自己的名字。

2 Chapter

项目 2
使用输入输出函数实现系统主界面

现实生活中的实体如何在计算机中表示，其数据在内存中是如何存储、处理以及在屏幕上显示呢？在解决实际问题时，有些数据要保存为整数，有些要保存为实数，还有些要保存为字符型。本项目主要通过讲述用 C 语言来描述某一个对象，主菜单界面整齐、操作便捷，让读者理解各类数据类型以及类型的转换，变量与常量，掌握数据的输入与输出。

学习目标

- 理解各类数据类型以及类型的转换；
- 掌握常量与变量的使用；
- 掌握 C 语言的运算符与表达式。

数据类型

任务描述

　　C 语言使用了丰富的数据类型和运算符帮助人们描述、运算和解决所关心的问题。本任务是计算购买单种图书的金额，用合适的数据类型来描述图书的信息（ISBN 编号、书名、作者、价格），使用 C 语言的算术运算符来计算购买图书的金额，通过本任务掌握 C 程序设计中的各种数据类型及运算符的应用方法。

相关知识

2.1.1　数据类型

　　程序语言中的变量是用来保存数值的，每一个变量都属于一种数据类型，不同数据类型的变量，其取值范围也是不相同的。在程序语言中，一般都会提供几种基本的数据类型，以满足程序设计的需要。

　　C 语言提供了如下 5 种基本的数据类型。

　　① 字符型：用 char 表示。

　　② 整数型：用 int 表示。

　　③ 单精度实数型：用 float 表示。

　　④ 双精度实数型：用 double 表示。

　　⑤ 空类型：用 void 表示。

　　数据类型决定了数据的大小、数据可执行的操作以及数据的取值范围。在计算机中，通过字节长度来度量数据的大小，不同的数据类型，其字节长度是不一样的。一般而言，数据类型的字节长度是 2^n(n=0，1，2，3，4，…)个字节。显然，不同的数据类型的取值范围和大小是不同的。

2.1.2　标识符、常量和变量

1. 标识符

　　在 C 语言中，标识符是对变量名、函数名、标号和其他各种用户定义的对象的命名。标识符的第 1 个字符必须是字母或下划线，随后的字符可以是字母、数字或下划线。标识符的长度可以是一个或多个字符，最长不允许超过 32 个字符。例如：

- score、value12、stu_name 等均为正确的标识符；
- 2number、height/zhang、low&price 等均不正确。

　　标识符中的字母是区分大小写的，因此 name、Name、NAME 分别代表 3 个不同的标识符。必须注意的是，标识符不能和 C 语言的关键字相同，也不能和用户自定义的函数或 C 语言库函数同名。

C 语言中的数据，按其值在程序运行过程中是否可被改变又分为常量和变量两种。

2. 常量

在程序执行过程中，其值不发生改变的量称为常量。常量分类见表 2-1。

表 2-1　常量分类

常　　量	说　　明
直接常量（字面常量）	可以直接用，无需任何说明的量，例如 整型常量：12、0、-3； 实型常量：4.6、-1.23； 字符常量：'a'、'b'
符号常量	用标识符代表一个常量。在 C 语言中，可以用一个标识符来表示一个常量，称之为符号常量

 说明

符号常量在使用之前必须先定义，其一般形式为：

`#define <符号常量名> <常量>`

其中#define 是 C 语言的预处理命令，在编写 C 语言程序时，可直接使用已定义的符号常量，编译时会对程序中出现的这些符号常量进行替换，如用 3.1415926 替换 PI，用 1 替换 TRUE，用 0 替换 FALSE。

习惯上符号常量的标识符用大写字母，变量标识符用小写字母，以示区别。

【例 2-1】通过以下程序掌握符号常量的使用方法。

```
#include<stdio.h>
#define PRICE 30
int main()
{
    int num,total;
    num=10;
    total=num*PRICE;
    printf("total=%d\n",total);
    return 0;
}
```

程序运行结果：

```
total=300
```

 说明

① 将程序中的常量定义为一个标识符，称为符号常量。
② 符号常量与变量不同，它的值在其作用范围内不能改变，也不能再被赋值。
③ 使用符号常量的好处是：含义清楚，能做到"一改全改"。

3. 变量

其值可以改变的量称为变量。一个变量应该有一个名字，用标识符来表示变量名。变量在内存中占据一定的存储单元，该存储单元存放变量的值。注意区分变量名和变量值这两个不同的概念，如图 2-1 所示。

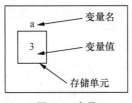

图2-1 变量

在 C 语言中,所有的变量必须在使用之前定义,一般放在函数体的开头部分。定义变量的一般形式为:

<类型名> <变量列表>;

<类型名>必须是有效的 C 语言数据类型,如 int、float 等;<变量列表>可以由一个或多个通过逗号隔开的标识符构成,如:

```
int i,j,k;
float number,price;
double length,total;
```

定义好变量之后,可以再给它赋值。

```
int i;
i=10;
```

也可以在定义的同时进行赋值,称为初始化变量。

在变量定义中赋值的一般形式为:

<类型名> <变量1>[=值1], <变量2>[=值2], ……;

例如:

```
int a=2,b=5;
float x=3.2,y=3.0,z=0.75;
char ch1='K',ch2='P';
```

注意,在定义中不允许连续赋值,如 a=b=c=5 是不合法的。

【例2-2】阅读以下程序,了解变量的定义和使用方法。

```
#include<stdio.h>
int main()
{
    int a=3,b,c=5;
    b=a+c;
    printf("a=%d,b=%d,c=%d\n",a,b,c);
    return 0;
}
```

程序运行结果:

```
a=3,b=8,c=5
```

2.1.3 整型数据

整型数据即整数,C 语言中整型(int)数据类型可以使用下面 4 种修饰符的搭配来描述数据的长度和取值范围。

① signed（有符号）；

② unsigned（无符号）；

③ long（长型）；

④ short（短型）。

 说 明

int 数据在 VC++6.0 环境中编译占 4 个字节，在 TC 2.0 环境中编译占 2 个字节。

表 2-2 所示为 ANSI C++标准中规定的整型数据的长度和取值范围。

表 2-2　整型数据的取值范围和长度

数据类型	取值范围	字节数
整型（int）	$-2147483648 \sim 2147483647$，即$-2^{31} \sim$（$2^{31}-1$）	4
有符号整型（signed int）	$-2147483648 \sim 2147483647$，即$-2^{31} \sim$（$2^{31}-1$）	4
无符号整型（unsigned int）	$0 \sim 4294967295$，即 $0 \sim$（$2^{32}-1$）	4
短整型（short int）	$-32768 \sim 32767$，即$-2^{15} \sim$（$2^{15}-1$）	2
有符号短整型（signed short int）	$-32768 \sim 32767$，即$-2^{15} \sim$（$2^{15}-1$）	2
无符号短整型（unsigned short int）	$0 \sim 65535$，即 $0 \sim$（$2^{16}-1$）	2
长整型（long int）	$-2147483648 \sim 2147483647$，即$-2^{31} \sim$（$2^{31}-1$）	4
有符号长整型（signed long int）	$-2147483648 \sim 2147483647$，即$-2^{31} \sim$（$2^{31}-1$）	4
无符号长整型(unsigned long int)	$0 \sim 4294967295$，即 $0 \sim$（$2^{32}-1$）	4

 说 明

表 2-2 中的数据类型和字节长度是 C 语言的编译环境所遵循的标准，不同的编译系统对数据类型字节长度的规定还会有一些扩充，具体细则可以参考各编译环境的使用说明。

在 C 语言中，对数据类型的说明允许使用一些简写方式，如表 2-3 所示。

表 2-3　整型数据的取值范围和长度

完全形式	简化形式
short、signed short int	short
signed int	int
long int、signed long int	long
unsigned short int	unsigned short
unsigned int	unsigned
unsigned long int	unsigned long

在 C 语言中，整数可以用十进制、八进制和十六进制来表示。十进制数没有前缀，八进制数以数字 0 开头，十六进制数前面用数字 0 和字母 X 开头（0x 或 0X）。表 2-4 所示为整型常量的几种表示方法。

表2-4 整型常量的几种表示

进制	整型常量	十进制数值
十进制	23	23
八进制	023	19
十六进制	0X23 或 0x23	35
十进制	23L 或 23l	23
十进制	23LU 或 23lu	23

 说明

表2-4中后缀"L"或"l"表示长整型数，后缀 "U"或"u"表示无符号整数。

整型变量的定义如下。

```
int a,b,c;          // a,b,c 为整型变量
long x,y;           // x,y 为长整型变量
unsigned p,q;       // p,q 为无符号整型变量
```

【例2-3】整型变量的不同进制表示法。

```
#include <stdio.h>
int main()
{
    int a=0X80,b=0200,c=128,d=0X24ALu;
    printf("a 的十进制值为：%d\n",a);
    printf("b 的十进制值为：%d\n",b);
    printf("c 的八进制值为：%o\n",c);
    printf("c 的十六进制值为：%x\n",c);
    printf("d 的十进制值为：%d\n",d);
    return 0;
}
```

程序运行结果：

```
a 的十进制值为：128
b 的十进制值为：128
c 的八进制值为：200
c 的十六进制值为：80
d 的十进制值为：586
```

2.1.4 实型数据

实型数据也称为浮点数或实数。在 C 语言中，实数只采用十进制，可采用浮点计数法和科学记数法两种表示方法，例如：

```
5.789
2.1E5 (等于 2.1*10^5)
0.5E7 (等于 0.5*10^7)
-2.8E-9 (等于-2.8*10^-9)
```

一般情况下，对太大或太小的数，采用科学记数法，如上面的 0.5E7、-2.8E-9。

【例2-4】输出实数。

```
#include <stdio.h>
int main()
{
    printf("356.24 的浮点数表示：%6f\n",356.24);
    printf("3.5624e2 的浮点数表示：%6f\n",3.5624e2);
    printf("35624e-2 的浮点数表示：%6f\n",35624e-2);
    printf("356.24 的科学记数法表示:%E\n",356.24);
    return 0;
}
```

程序运行结果：

```
356.24 的浮点数表示：356.240000
3.5624e2 的浮点数表示：356.240000
35624e-2 的浮点数表示：356.240000
356.24 的科学记数法表示：3.562400E+002
```

浮点数在计算机中的表示可根据系统分配的字节数的不同而分成单精度浮点数和双精度浮点数，计算机通常分配 4 个字节给单精度浮点数，分配 8 个字节给双精度浮点数。单精度浮点数和双精度浮点数的取值范围如表 2-5 所示。

表 2-5　浮点型数据类型的取值范围

数据类型	比特数（字节数）	有效数字	数的范围
单精度浮点数（float）	32（4）	6~7	$10^{-37} \sim 10^{38}$
双精度浮点数（double）	64（8）	15~16	$10^{-307} \sim 10^{308}$

【例2-5】浮点数例子。

```
#include <stdio.h>
int main()
{
    float a;
    double b;
    a=33333.33333f;
    b=33333.33333333333333;
    printf("a=%f\nb=%f\n",a,b);
    return 0;
}
```

程序运行结果：

```
a=33333.332031
b=33333.333333
```

从本例可以看出：

a 是单精度浮点型，有效位数只有 7 位。而整数已占 5 位，故小数 2 位之后均为无效数字。

b 是双精度型，有效位为 16 位。但 VC6.0 规定小数后最多保留 6 位，其余部分四舍五入。注意：实型常数不分单、双精度，都按双精度处理。

2.1.5　字符型数据

1. 字符型数据的表示

字符型数据是用单引号括起来的单个字符，如'a'、'b'、'='、'+'、'?'都是合法字符型数据。在这里单引号只起定界的作用，并不代表字符。单引号中的字符不可以只是单引号（'）和反斜杠（\），因为反斜杠（\）本身就是一个转义字符。

2. 转义字符

转义字符是 C 语言中表示字符的一种特殊形式。通常使用转义字符表示 ASCII 字符集中不可打印的控制字符和特定功能的字符，如单引号字符（'）、双引号字符（"）和反斜杠的表示（\）。

转义字符用反斜杠（\）后面跟一个字符或一个八进制数或十六进制数表示。表 2-6 所示为 C 语言中常用的转义字符。

表 2-6　常用转义字符含义

转义字符	转义字符的意义	ASCII 代码
\n	回车换行	10
\t	横向跳到下一制表位置	9
\b	退格	8
\r	回车，将当前的光标移动到行首，但不会移动到下一行	13
\f	走纸换页	12
\\	反斜线符"\"	92
\'	单引号符	39
\"	双引号符	34
\a	鸣铃	7
\ddd	1~3 位八进制数所代表的字符	
\xhh	1~2 位十六进制数所代表的字符	

广义地讲，C 语言字符集中的任何一个字符均可用转义字符来表示。表中的'\ddd'和'\xhh'分别为八进制和十六进制的 ASCII 代码。如'\101'表示字母'A'，'\102'表示字母'B'，'\134'表示反斜线，'\XOA'表示换行等。

【例 2-6】转义字符的使用。

```
#include<stdio.h>
int main()
{
    printf(" ab c\tde\rf\n");
    printf("hijk\tL\bM\n");
    return 0;
}
```

程序运行结果：

```
fab c   de
hijk    M
```

3. 字符变量

字符变量的类型说明符是 char。字符变量类型定义的格式和书写规则都与整型变量相同。例如：

```
char a,b;
```

4. 字符变量在内存中的存储形式及使用方法

在 C 语言中，字符是按其所对应的 ASCII 的值来存储的，一个字符占一个字节。表 2-7 为部分字符所对应的 ASCII 值。

表 2-7　部分字符的 ASCII 值

字符	0	1	A	B	a	z
ASCII 值	48	49	65	66	97	122

数据在计算机中是按位存放的，每个位中只能存放 "0" 或 "1"，8 位组成一个字节。因此，字符在内存中存储的时候，是将其 ASCII 值以 8 位二进制数的形式存放的。

例如，字符'A'在内存中的存放形式为：

0	1	0	0	0	0	0	1

【例 2-7】向字符变量赋以整型值。

```c
#include<stdio.h>
int main()
{
    char a,b;
    a=120;
    b=121;
    printf("%c,%c\n",a,b);
    printf("%d,%d\n",a,b);
    return 0;
}
```

程序运行结果：

```
x,y
120,121
```

本程序中定义 a，b 为字符型，但在赋值语句中赋以整型值。从结果看，a，b 值的输出形式取决于 printf() 函数格式串中的格式符，当格式符为 "c" 时，对应输出的变量值为字符，当格式符为 "d" 时，对应输出的变量值为该字符对应的 ASCII 值。

【例 2-8】ASCII 码的使用。

```c
#include<stdio.h>
int main()
{
    char a,b;
    a='a';
    b='b';
    a=a-32;
    b=b-32;
    printf("%c,%c\n%d,%d\n",a,b,a,b);
    return 0;
}
```

程序运行结果：

```
A,B
65,66
```

本例中，a，b 被声明为字符变量并赋予字符值，C 语言允许字符变量参与数值运算，即用字符的 ASCII 码参与运算，由于大小写字母的 ASCII 码相差 32，因此运算后把小写字母转换成大写字母，然后分别以整型和字符型输出。

5.　字符串

字符串是由一对双引号括起的字符序列。例如，"CHINA" "C program" "￥12.5"等都是合法的字符串。字符串和字符不同，它们之间主要有以下区别。

（1）字符由单引号括起来，字符串由双引号括起来。

（2）字符只能是单个字符，字符串则可以含一个或多个字符。

（3）可以把一个字符型数据赋予一个字符变量，但不能把一个字符串赋予一个字符变量。

在 C 语言中没有相应的字符串变量，也就是说，不存在这样的关键字将一个变量声明为字符串，但是可以用一个字符数组来存放一个字符串，这将在数组一章内予以介绍。

（4）字符占一个字节的内存空间。字符串占的内存字节数等于字符串中字符个数加 1。增加的一个字节用来存放字符'\0'(ASCII 码为 0)，这是字符串结束的标志。例如，字符串 "C program" 在内存中所占的字节为：

C		p	r	o	g	r	a	m	\0

字符'a'和字符串 "a" 虽然都只有一个字符，但在内存中的情况是不同的。

'a'在内存中占一个字节，可表示为：

a

"a"在内存中占两个字节，可表示为：

a	\0

2.1.6　数据类型转换

变量的数据类型是可以转换的。转换的方法有两种，一种是自动转换，另一种是强制转换。

1.　自动转换

自动转换发生在不同类型的数据进行混合运算时，由编译系统自动完成。自动转换遵循的规则如图 2-2 所示，可以从以下几个方面来理解这个规则。

（1）若参与运算量的类型不同，则先转换成同一类型，然后进行运算。

（2）转换按少字节向多字节类型转换，以保证精度不降低。如 short 型和 long 型运算时，先把 short 型变量转换成 long 型后再进行运算。

（3）所有的浮点运算都是以双精度进行的，即使仅含 float 单精度量运算的表达式，也要先转换成 double 型，再进行运算。

（4）char 型和 short 型参与运算时，必须先转换成 int 型。

（5）在赋值运算中，当"="两边的运算对象类型不相同时，系统自动将"="右边表达式的值转换成左边变量的类型后再赋值，具体规定如下。

1）实型赋予整型，舍去小数部分；

2）整数赋予实型，数值不变，但增加小数部分（小数部分值为 0）；

3）字符型赋予整型，由于字符型占一个字节，而整型占四个字节，因此将字符的 ASCII 码值放到整型量的低 8 位，高 24 位补 0。

4）整型赋予字符型，只把低 8 位赋予字符量。

图2-2　类型自动转换规则

【例 2-9】自动数据类型转换。

```
#include<stdio.h>
int main()
{
    float PI=3.14159f;
    int s,r=5;
    s=r*r*PI;
    printf("s=%d\n",s);
    return 0;
}
```

程序运行结果：

```
s=78
```

本例中，PI 为实型，s、r 为整型，在执行 s=r*r*PI 语句时，r 和 PI 都转换成 double 型再计算，结果也为 double 型，但由于 s 为整型，故赋值结果仍为整型，舍去了小数部分。

2. 强制类型转换

强制类型转换是通过类型转换运算来实现的。

其一般形式为：

```
(类型说明符) (表达式)
```

其功能是把表达式的运算结果强制转换成类型说明符所表示的类型。

例如：

```
(float) a;  /* 把 a 转换为实型 */
(int)(x+y);  /* 把 x+y 的结果转换为整型 */
```

在使用强制转换时应注意以下问题：

（1）类型说明符和表达式都必须加括号（单个变量可以不加括号），如把(int)(x+y)写成(int)x+y 则成了把 x 转换成 int 型之后再与 y 相加了。

（2）无论是强制转换或是自动转换，都只是为了本次运算的需要而对变量的数据长度进行的临时性转换，而不改变数据说明时对该变量定义的类型。

【例 2-10】强制数据类型转换。

```
#include<stdio.h>
int main()
{
    float f=5.75;
    printf("(int)f=%d,f=%f\n",(int)f,f);
```

```
        return 0;
    }
```

程序运行结果：

```
(int)f=5,f=5.750000
```

本例表明，虽然 f 强制转为 int 型，但只在运算中起作用，是临时的，而 f 本身的类型并不改变，因此，(int)f 的值为 5（删去了小数），而 f 的值仍为 5.75。

2.1.7 运算符与表达式简介

C 语言的运算符非常丰富，能够组成不同的类型的表达式。

例如：

运算符与表达式简介

```
1+2*3-10
```
其中，1、2、3 和 10 称为操作数，+、*和-称为运算符。

上面的表达式先进行*运算，再进行+运算和-运算，这是因为运算符的优先级不同，*的优先级高于+和-，所以先进行*运算。

进行-运算时，是 7 减 10，而不是 10 减 7，这是由运算符的结合性决定的，-运算符的结合性是从左到右。

运算符不仅具有不同的优先级，还有不同的结合性。在表达式中，各运算量参与运算的先后顺序不仅要遵守运算符优先级别的规定，还要受运算符结合性的制约，以便确定是自左向右进行运算还是自右向左进行运算。

C 语言的运算符可分为以下几类，见表 2-8。

表 2-8 运算符的类型说明

运算符	说 明
算术运算符	用于各类数值运算。包括加（+）、减（-）、乘（*）、除（/）、求余（或称模运算，%）、自增（++）、自减（--）共 7 种
关系运算符	用于比较运算。包括大于（>）、小于（<）、等于（==）、大于等于（>=）、小于等于（<=）和不等于（!=）6 种
逻辑运算符	用于逻辑运算。包括与（&&）、或（||）、非（!）3 种
位操作运算符	参与运算的量，按二进制位进行运算。包括位与（&）、位或（|）、位非（~）、位异或（^）、左移（<<）、右移（>>）6 种
赋值运算符	用于赋值运算，分为简单赋值（=）、复合算术赋值（+=, -=, *=, /=, %=）和复合位运算赋值（&=, |=, ^=, >>=, <<=）3 类共 11 种
条件运算符	这是一个三目运算符，用于条件求值（?:）
逗号运算符	用于把若干表达式组合成一个表达式（,）
指针运算符	用于取内容（*）和取地址（&）2 种运算
求字节数运算符	用于计算数据类型所占的字节数（sizeof）
特殊运算符	有括号（），下标[]，成员（->，.）等几种

表达式是由常量、变量、函数和运算符组合起来的式子。一个表达式有一个值及其类型，它们分别是计算表达式所得结果的值和类型。表达式求值按运算符的优先级和结合性规定的顺序进行，单个的常量、变量、函数可以看作是表达式的特例。C 语言中各运算符的优先级和结合性见附录 D。

1. 一般算术运算符

C 语言的基本算术运算符如表 2-9 所示。

表 2-9 基本运算符

名称	符号	说　明
加法运算符	+	双目运算符，即应有两个量参与加法运算，具有左结合性。作正号运算符时为单目运算符，具有右结合性
减法运算符	−	双目运算符，具有左结合性。作负号运算符时为单目运算符，具有右结合性
乘法运算符	*	双目运算符，具有左结合性
除法运算符	/	双目运算符，具有左结合性。参与的运算量均为整型时，结果也为整型，舍去小数。如果运算量中有一个是实型，则结果为双精度实型
求余运算符（模运算符）	%	双目运算符，具有左结合性。要求参与运算的量均为整型，不能应用于 float 或 double 类型。求余运算的结果等于两数相除后的余数，整除时结果为 0

算术运算符优先级从高到低依次为：单目运算符+（正号）、−（负号），双目运算符*、/和%，双目运算符+和−。

【例 2-11】除法运算符。

```
#include<stdio.h>
int main()
{
    printf("\n\n%d,%d\n",20/7,-20/7);
    printf("%f,%f\n",20.0/7,-20.0/7);
    return 0;
}
```

程序运行结果：

```
2,-2
2.857143,-2.857143
```

本例中，20/7、−20/7 的结果均为整型，小数全部舍去。由于 20.0/7 和−20.0/7 有实数参与运算，因此结果也为实型。

【例 2-12】取余运算符。

```
#include<stdio.h>
int main()
{
    printf("%d\n",100%3);
    return 0;
}
```

程序运行结果：

```
1
```

本例输出 100 除以 3 所得的余数 1。

2. 自增、自减运算符

自增运算符（++）和自减运算符在 C 语言中使用比较频繁，这两个运算符有一个共同的特点，就是它们既可以出现在变量的左边，构成前置++/−−，又可以出现在变量的右边，构成后置++/−−。

前置++/--的语法规则：先将变量的值加 1/减 1，再使用该变量。

后置++/--的语法规则：先使用该变量，再将变量的值加 1/减 1。

【例 2-13】使用自增、自减运算符。

```
#include<stdio.h>
int main()
{
    int i=8;
    printf("%d\n",++i);
    printf("%d\n",--i);
    printf("%d\n",i++);
    printf("%d\n",i--);
    printf("%d\n",-i++);
    printf("%d\n",-i--);
    return 0;
}
```

程序运行结果：

```
9
8
8
9
-8
-9
```

i 的初值为 8，第 4 行 i 加 1 后输出 9；第 5 行减 1 后输出 8；第 6 行输出 i 为 8 之后再加 1（为 9）；第 7 行输出 i 为 9 之后再减 1（为 8）；第 8 行输出-8 之后再加 1（为 9），第 9 行输出-9 之后再减 1（为 8）。

3. 逗号运算符

在 C 语言中逗号 "," 也是一种运算符，称为逗号运算符，其功能是把两个表达式连接起来组成一个表达式，称为逗号表达式。其一般形式为：

表达式 1，表达式 2；

其求值过程是从左往右分别求解两个表达式的值，并以表达式 2 的值作为整个逗号表达式的值。

【例 2-14】逗号运算符举例。

```
#include <stdio.h>
int main()
{
    int a=2,b=4,c=6,x,y;
    y=(x=a+b,b+c);
    printf("y=%d,x=%d\n",y,x);
    return 0;
}
```

程序运行结果：

y=10,x=6

本例中，y 等于整个逗号表达式的值，也就是表达式 2 的值，x 是第一个表达式的值。

对于逗号表达式还要说明 3 点。

（1）逗号表达式一般形式中的表达式 1 和表达式 2 也可以是逗号表达式。

例如：

> 表达式 1，（表达式 2，表达式 3）

形成了嵌套情形，因此可以把逗号表达式扩展为以下形式：

> 表达式 1，表达式 2，…，表达式 n

整个逗号表达式的值等于表达式 n 的值。

（2）程序中使用逗号表达式，通常是要分别求逗号表达式内各表达式的值，并不一定要求整个逗号表达式的值。

（3）并不是在所有出现逗号的地方都组成逗号表达式。例如，在变量说明中，函数参数表中逗号只是用作各变量之间的分隔符。

任务实现

步骤 1：启动 Visual C++ 6.0。
步骤 2：新建 C 语言源程序文件（Chapter2-1.c）。
步骤 3：在 C 语言源程序文件中，输入如下代码。
步骤 4：编译连接。
步骤 5：执行，运行结果如下。

任务实现

```c
#include "stdio.h"
int main()
{
    float price,money;        /*定义图书的单价、总价*/
    int number;               /*购买该图书的数量*/
    price=19.80f;
    number=23;
    money=price*number;
    printf("本次购买图书的金额为：%.2f\n",money);
    return 0;
}
```

购买图书的金额为：455.40

任务 2.2　会员信息的输入输出

学习目标

● 理解 C 语言的输入与输出；
● 掌握字符的输入与输出；
● 掌握格式输出函数 printf；
● 掌握格式输入函数 scanf。

输入输出

任务描述

本次任务是输出会员的基本信息，包括会员的姓名、年龄、性别和积分等信息。

相关知识

C 语言本身并不提供数据输入输出语句，有关输入输出的操作都是由函数的调用实现的。C 语言的标准函数库中提供了一些输入输出函数，如字符输入输出函数 getchar()和 putchar()，格式输入输出函数 scanf()和 printf()。在使用标准函数库时，必须用预编译命令"include"将相应的头文件包含到用户程序中。使用标准输入输出库函数时要用到的头文件是"stdio.h"，因此源文件开头应有以下预编译命令。

```
#include<stdio.h>          /*尖括号表示从系统目录查找所包含的文件*/
```

或

```
#include "stdio.h"         /*双引号表示从当前目录查找所包含的文件*/
```

考虑到 printf()和 scanf()函数使用频繁，系统允许在使用这两个函数时可不加头文件。

2.2.1　字符的输入输出

在 C 语言中，输出字符使用 putchar()函数，输入字符使用 getchar()函数。

1. putchar()函数

字符输出函数，其功能是在显示器上输出单个字符。一般形式为：

```
putchar(c);               /*c 可以是字符型、整型的变量或常量。*/
```

例如：

```
putchar('A');             /* 输出大写字母 A */
putchar(x);               /* 输出字符变量 x 的值 */
putchar('\101');          /* 也是输出字符 A */
putchar('\n');            /* 换行 */
```

对控制字符则执行控制功能，不在屏幕上显示。

【例 2-15】输出单个字符。

```
#include<stdio.h>
int main()
{
    char a='B',b='o',c='k';
    putchar(a); putchar(b); putchar(b); putchar(c); putchar('\t');
    putchar(a); putchar(b);
    putchar('\n');
    putchar(b); putchar(c);
    putchar('\n');
    return 0;
}
```

程序运行结果：

```
Book    Bo
ok
```

2. getchar()函数

键盘输入函数，其功能是从键盘上输入一个字符。一般形式如下：

```
getchar();
```

通常把输入的字符赋予一个字符变量或整型变量，构成赋值语句，例如：

```
char c;
c=getchar();
```

【例 2-16】输入单个字符。

```
#include<stdio.h>
int main()
{
    char c;
    printf("input a character\n");
    c=getchar();
    putchar(c);
    return 0;
}
```

程序运行结果：

```
input a character
n↙
n
```

使用 getchar 函数还应注意几个问题，如下。

（1）getchar 函数只能接受单个字符，输入数字也按字符处理，输入多于一个字符时，只接收第一个字符。

（2）使用本函数前必须包含文件"stdio.h"。

（3）在控制台下运行含本函数的程序时，将进入等待用户输入，输入完毕返回控制台。

（4）程序最后两行可用下面两行的任意一行代替：

```
putchar(getchar());
printf("%c",getchar());
```

2.2.2 格式输出函数 printf( )

printf()函数称为格式输出函数，其功能是按控制字符串指定的格式，向显示屏输出指定的输出项。

printf()函数调用的一般形式如下：

```
printf("格式控制字符串", 输出项列表)
```

其中，输出项列表可以是常量、变量或表达式，其类型与个数必须与格式控制字符串中格式字符的类型、个数一致，当有多个输出项时，各项之间用逗号隔开。

格式控制字符串用于指定输出格式，格式控制字符串有格式说明字符串和普通字符串两种。若格式控制字符串中只有普通字符串时，后面没有输出项列表，如 printf("Hello World!")，用于程序中固定信息的输出。

格式字符串是以%开头的字符串，在%后面跟有各种格式字符，以说明输出数据的类型、形式、长度和小数位数等。格式说明的一般格式如下：

```
%[<修饰符>]<格式字符>
```

【例 2-17】printf 函数举例。

```c
#include <stdio.h>
int main()
{
    int a=88,b=89;
    printf("%d %d\n",a,b);
    printf("%d,%d\n",a,b);
    printf("%c,%c\n",a,b);
    printf("a=%d,b=%d",a,b);
    return 0;
}
```

程序运行结果：

```
88 89
88,89
X,Y
a=88,b=89
```

本例中 4 次输出了 a、b 的值，但由于格式控制串不同，输出的结果也不相同。

第 3 行的输出语句格式控制串中，两个格式串 %d 之间加了一个空格（非格式字符），所以输出的 a、b 值之间有一个空格。

第 4 行的 printf() 语句格式控制串中加入的是非格式字符逗号，因此输出的 a、b 值之间加了一个逗号。

第 5 行的格式串要求按字符型输出 a、b 值。

第 6 行中为了提示输出结果又增加了非格式字符串。

printf() 函数中使用的格式字符如表 2-10 所示。

表 2-10　输出格式符说明

格式字符	意义
d	以十进制形式输出带符号整数（正数不输出符号）
o	以八进制形式输出无符号整数（不输出前缀 0）
x, X	以十六进制形式输出无符号整数（不输出前缀 0 x）
u	以十进制形式输出无符号整数
f	以小数形式输出单、双精度实数
e, E	以指数形式输出单、双精度实数
g, G	以 %f 或 %e 中较短的输出宽度输出单、双精度实数
c	输出单个字符
s	输出字符串

在进行格式说明时，在 % 和上述格式字符间可以插入一些修饰符号进行格式说明，如表 2-11 所示。

表 2-11　加修饰符的格式说明

格式说明	意义
%d	按整数实际长度输出
%md	数据最小宽度为 m。若数据的位数小于 m，则左端补以空格；若大于 m，则按实际位数输出

续表

格式说明	意义
%-md	"-"为左对齐，若数据的位数小于 m，则右端补以空格；若大于 m，则按实际位数输出
%ld	"l"用来输出长整型数据，可加在格式符 d、o、x、u 前面
%.nf(%.ns)	对实数，表示输出 n 位小数；对字符串，表示截取的字符个数
%m.nf(%m.ns)	对实数，m 为实数所占的总宽度（包括小数点），n 为小数点后面的位数。对字符串，输出字符串总共占 m 列，但只取字符串中左端 n 个字符

【例 2-18】printf 函数举例。

```c
#include <stdio.h>
int main()
{
    int a=15;
    long float b=123.1234567;
    // %% 可以输出 %
    printf("a(%%d)=%d, a(%%5d)=%5d, a(%%o)=%o, a(%%x)=%x\n\n",a,a,a,a);
    printf("b(%%f)=%f, b(%%lf)=%lf, b(%%5.4lf)=%5.4lf, b(%%e)=%e\r\n",b,b,b,b);
    return 0;
}
```

程序运行结果：

```
a(%d)=15,a(%5d)=   15,a(%o)=17,a(%x)=f

b(%f)=123.123457,b(%lf)=123.123457,b(%5.4lf)=123.1235,b(%e)=1.231235e+002
```

本例中，第 7 行以 4 种格式输出整型变量 a 的值，其中"%5d"要求输出宽度为 5，而 a 值为 15 只有 2 位故补 3 个空格。

第 8 行以 4 种格式输出实型量 b 的值。其中"%f"和"%lf"格式的输出相同，说明"l"修饰符对"f"类型无影响。"%5.4lf"指定输出宽度为 5，精度为 4，由于实际长度超过 5 故应该按实际位数输出，小数位数超过 4 位部分被截去。"%e"格式不指定输出数据所占的宽度和数字部分的小数位数，但 Visual c++6.0 编译系统自动指定给出 6 位小数，指数部分占 5 位（如 e+002），其中 e 占 1 位，指数符号占 1 位，指数占 3 位。数值按规范化指数形式输出（即小数点前必须有且只有 1 位非零数字）。

使用 printf()函数时还要注意一个问题，就是输出表列中的求值顺序。不同的编译系统不一定相同，可以从左到右，也可从右到左。Visual c++6.0 是按从右到左的顺序进行的。请看下面两个例子。

【例 2-19】printf()函数中的表达式。

```c
#include <stdio.h>
int main()
{
    int i=8;
    printf("The raw value: i=%d\n", i);
    printf("++i=%d \n++i=%d \n--i=%d \n--i=%d\n",++i,++i,--i,--i);
    return 0;
}
```

程序运行结果：

```
The raw value: i=8
++i=8
++i=7
--i=6
--i=7
```

【例 2-20】修改例 2-19 的程序如下。

```
#include <stdio.h>
int main()
{
    int i=8;
    int a1=++i;
    int a2=++i;
    int a3=--i;
    int a4=--i;
    printf("The raw value: i=%d\n", i);
    printf("a1=%d,a2=%d\n",a1,a2);
    printf("a3=%d,a4=%d\n",a3,a4);
    return 0;
}
```

运行结果：

```
The raw value: i=8
a1=9,a2=10
a3=9,a4=8
```

当使用自增、自减运算符作为函数的参数时，因为参数中表达式的运算顺序是从右到左的，实际情况与设想之间可能存在差异。同时也反映了程序设计中有一个重要的原则：要尽可能地采用最简洁的语句来表达程序设计的思想，为了避免错误的发生，建议在函数的参数中少使用表达式。

显然，修改后的程序语句具有较好的可读性，每一条语句简洁明了。实际上，一个良好的程序，每一条语句都应该不是晦涩难懂的，不需要花费心思去揣摩程序语句的语法。

2.2.3　格式输入函数 scanf()

scanf()函数称为格式输入函数，即从键盘上按指定的格式输入数据，并将输入数据的值赋给指定的变量。

scanf 函数的一般形式为：

```
scanf("格式控制字符串",输入项列表);
```

其中，格式控制字符串的作用与 printf()函数相同，但是这里只能使用格式字符串而不能使用普通字符串。输入项列表则由一个或多个变量地址组成，多个变量地址间用逗号"，"分隔。

例如：scanf ("%d%d", &a, &b); /*&a、&b 分别表示变量 a 和变量 b 的地址。*/

这个地址就是编译系统在内存中给 a、b 变量分配的地址。在 C 语言中，使用了地址的概念，这是与其他语言不同的。应该把变量的值和变量的地址这两个不同的概念区别开来。变量的地址是 C 编译系统分配的，用户不必关心具体的地址是多少。

在赋值表达式中给变量赋值，例如：

```
a=567;
//a 为变量名，567 是变量的值，&a 是变量 a 的地址。
```

但在赋值号左边是变量名，不能写地址，而 scanf()函数在本质上也是给变量赋值，但要求写变量的地址，如&a。这两者在形式上是不同的。&是一个取地址运算符，&a 是一个表达式，其功能是求变量的地址。

【例 2-21】scanf()函数举例。

```c
#include <stdio.h>
int main()
{
    int a,b,c;
    printf("input a,b,c:\n");
    scanf("%d%d%d",&a,&b,&c);
    printf("a=%d,b=%d,c=%d\n",a,b,c);
    return 0;
}
```

程序运行结果：

```
input a,b,c:
7 8 9✓
a=7,b=8,c=9
```

或

```
input a,b,c:
7✓
8✓
9✓
a=7,b=8,c=9
```

在本例中，由于 scanf()函数本身不能显示提示字符，故先用 printf()语句在屏幕上输出提示，请用户输入 a、b、c 的值。执行 scanf()语句，等待用户输入。在 scanf()语句的格式串中没有非格式字符在"%d%d%d"之间作输入时的间隔，因此此在输入时要用一个或多个空格（或回车键）作为每两个输入数之间的间隔。

格式字符串的一般形式为：

%[<修饰符>]<格式字符>

格式字符的表示方法与 printf()函数中的相同，各格式字符及其意义如表 2-12 所示。

表 2-12　输入格式符说明

格式	字符意义
d	输入十进制整数
o	输入八进制整数
x	输入十六进制整数
u	输入无符号十进制整数
f 或 e	输入实型数(用小数形式或指数形式)
c	输入单个字符
s	输入字符串

格式说明中可以添加一些修饰符来进一步说明格式。

1. "*" 符

用来表示该输入项输入后不赋予相应的变量，即跳过该输入值。如：

```
scanf("%d %*d %d",&a,&b);
```

当输入为：1 2 3 时，把 1 赋予 a，2 被跳过，3 赋予 b。

2. 宽度

用十进制整数指定输入的宽度（即字符数）。例如：

```
scanf("%5d",&a);
```

输入 12345678 只把 12345 赋予变量 a，其余部分被截去。又如：

```
scanf("%4d%4d",&a,&b);
```

输入 12345678 将把 1234 赋予 a，而把 5678 赋予 b。

3. 长度

长度格式符为 l 和 h，l 表示输入长整型数据（如%ld）和双精度浮点数（如%lf）。h 表示输入短整型数据。

使用 scanf()函数还必须注意以下几点。

（1）scanf()函数中没有精度控制，如 scanf("%5.2f",&a);是非法的。不能企图用此语句输入小数为 2 位的实数。

（2）scanf()中要求给出变量地址，如给出变量名则会出错。如 scanf("%d",a);是非法的，改为 scanf("%d",&a);才是合法的。

（3）在输入多个数值数据时，若格式控制串中没有非格式字符作输入数据之间的间隔则可用空格、Tab或回车作间隔。C 编译在碰到空格、Tab、回车或非法数据（如对"%d"输入"12A"时，A 即为非法数据）时即认为该数据输入结束。

（4）在输入字符数据时，若格式控制串中没有非格式字符，则认为所有输入的字符均为有效字符。

例如：scanf("%c%c%c",&a,&b,&c);

输入 d␣ef 则把'd'赋予 a，'␣'（表示空格字符）赋予 b，'e'赋予 c。只有当输入为 def 时，才能把'd'赋予 a，'e'赋予 b，'f'赋予 c。如果在格式控制中加入空格作为间隔，如：

```
scanf ("%c %c %c",&a,&b,&c);
```

则输入时各数据之间可加空格。

【例 2-22】scanf()函数举例。

```
#include <stdio.h>
int main()
{
    char a,b;
    printf("input character a,b:\n");
    scanf("%c%c",&a,&b);
    printf("%c%c\n",a,b);
    return 0;
}
```

程序运行结果：

```
input character a,b:
M  N✓
M
```

由于 scanf()函数"%c%c"中没有空格，输入 M_N，结果输出只有 M。而输入改为 MN 时则可输出 MN 两字符。

【例 2-23】scanf()函数举例。

```
#include <stdio.h>
int main()
{
    char a,b;
    printf("input character a,b:\n");
    scanf("%c %c",&a,&b);
    printf("%c %c\n",a,b);
    return 0;
}
```

程序运行结果：

```
input character a,b:
M  N✓
M  N
```

本例表示 scanf()格式控制串"%c %c"之间有空格时，输入的数据之间可以有空格间隔。

（5）如果格式控制串中有非格式字符则输入时也要输入该非格式字符。

例如：

```
scanf("%d,%d,%d",&a,&b,&c);
```

其中用非格式符"，"作间隔符，故输入时应为：5，6，7。又如：

```
scanf("a=%d,b=%d,c=%d",&a,&b,&c);
```

则输入应为：a=5，b=6，c=7。

（6）如输入的数据与输出的类型不一致时，虽然编译能够通过，但结果却不正确。

【例 2-24】输入的数据与输出的类型不一致。

```
#include <stdio.h>
int main()
{
    short a;
    printf("input a number:\n");
    scanf("%d",&a);
    printf("%ld\n",a);
    return 0;
}
```

程序运行结果：

```
input a number:
1234567890✓
722
```

由于输入数据类型为短整型，而输出语句的格式串中说明为长整型，因此输出结果和输入数据不符。

改动程序如下。

```c
#include <stdio.h>
int main()
{
    long a;
    printf("input a number: \n");
    scanf("%ld",&a);
    printf("%ld",a);
    return 0;
}
```

程序运行结果：

```
input a number:
1234567890✓
1234567890
```

当输入数据改为长整型后，输入输出数据相等。

【例 2-25】输出各种数据类型的字节长度。

```c
#include <stdio.h>
int main()
{
    short s;
    int a;
    long b;
    float f;
    double d;
    char c;
    printf("short:%d\nint:%d\nlong:%d\nfloat:%d\ndouble:%d\nchar:%d\n",
    sizeof(s),sizeof(a),sizeof(b),sizeof(f),sizeof(d),sizeof(c));
    return 0;
}
```

程序运行结果：

```
short:2
int: 4
long:4
float:4
double:8
char:1
```

【例 2-26】输入 3 个小写字母，输出其 ASCII 码和对应的大写字母。

```c
#include <stdio.h>
int main()
{
    char a,b,c;
    printf("input character a,b,c:\n");
    scanf("%c %c %c",&a, &b, &c);
    printf("%d %d %d\n%c %c %c\n",a,b,c,a-32,b-32,c-32);
    return 0;
}
```

程序运行结果：

```
input character a,b,c:
x y z↙
120 121 122
X Y Z
```

任务实现

步骤 1：启动 Visual C++ 6.0。

步骤 2：新建 C 语言源程序文件（Chapter2-2.c）。

步骤 3：在 C 语言源程序文件中，输入如下代码。

```
#include "stdio.h"
int main()
{
    int age,num;
    char sex;  /* F:女  M:男 */
    printf("请输入会员张三的基本信息：\n");
    printf("输入会员编号：");
    scanf("%d",&num);
    getchar();
    printf("输入会员性别（F:女，M:男）:");
    sex=getchar();
    printf("输入会员年龄:");
    scanf("%d",&age);
    printf("\n 会员张三的基本信息如下：\n");
    printf("ID\tSex\tAge\n");
    printf("%d\t%c\t%d\n",num,sex,age);
    return 0;
}
```

步骤 4：编译连接。

步骤 5：执行，运行结果如下。

```
请输入会员张三的基本信息：
输入会员编号：1001↙
输入会员性别（F:女，M:男）：M↙
输入会员年龄：20↙

会员张三的基本信息如下：
ID    Sex    Age
1001   M     20
```

项目实战——图书超市收银系统主界面设计

在本节中，以图书超市收银系统的主界面功能设计与实现为例，对本章的内容进行综合运行，进一步明确程序的结构，加强对变量、数据类型以及输入输出的理解。

（1）图书超市管理系统的主菜单程序如下。

```
#include <stdio.h>
int main()
{
    int s=83,e=69;
    printf("\n");
    printf("\t%c%c%c%c%c%c%c%c%c%c%c%c%c%c%c%c%c%c%c%c%c%c%c%c%c\n",s,s,s,s,s,s,s,s,s,s,s,s,s,
s,s,s,s,s,s,s,s,s,s,s,s);
    printf("\n");
    printf("\t 图书超市管理系统 v1.0\n");
    printf("\t1.图书基本信息管理\n");
    printf("\t2.购书结算处理\n");
    printf("\t3.售书历史记录\n");
    printf("\t4.售书曲线图\n");
    printf("\t0.退出系统\n");
    printf("\n");
    printf("\t%c%c%c%c%c%c%c%c%c%c%c%c%c%c%c%c%c%c%c%c%c%c%c%c%c\n",e,e,e,e,e,e,e,e,e,
e,e,e,e,e,e,e,e,e,e,e,e,e,e,e,e);
    return 0;
}
```

（2）运行结果如图 2-3 所示。

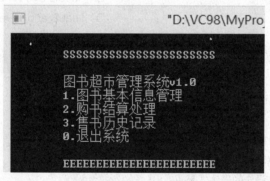

图2-3　系统运行主菜单

（3）本节将图书超市收银系统的主界面设计做出了详细解释，界面之间的连接在后面章节中将进一步
学习。

项目小结

本项目介绍了编写 C 语言程序的一些基础知识。编写 C 语言程序的过程中要注意以下几点。

（1）不同类型的数据具有不同的取值范围。在编程的过程中，应该避免将一个较大的数据赋值给一个
取值范围较小的变量。同时，还要避免在不同数据类型的变量间赋值，因为这样可能会引起数据丢失，从
而导致运行结果不正确甚至更严重的后果。

（2）要注意使用正确的运算符来表示不同的目的。

（3）输入/输出功能是通过调用系统函数来完成的，因此要使用指令"#include <stdio.h>"来包含头文
件。printf()函数可以按用户指定的格式把指定的数据显示到显示器屏幕上。scanf()函数可以按用户指定的
格式从键盘上把数据输入到指定的变量之中。

习题二

一、选择题

1. 下列符号中，不属于转义字符的是（　　）。

　　A. \\　　　　　　　　B. \0xAA　　　　　　　C. \t　　　　　　　D. \0

2. 以下选项中，合法的实型常数是（　　）。

　　A. 5E2.0　　　　　　B. E-3　　　　　　　　C. 2E0　　　　　　D. 1.3E

3. 已知大写字母 A 的 ASCII 码值是 65，小写字母 a 的 ASCII 码是 97，则用八进制表示的字符常量 '\101' 是（　　）。

　　A. 字符 A　　　　　　B. 字符 a　　　　　　C. 字符 c　　　　　D. 非法的常量

4. 以下选项中，正确的字符常量是（　　）。

　　A. "F"　　　　　　　B. '\\'　　　　　　　C. 'W'　　　　　　D. ''

5. 以下选项中可作为 C 语言合法整数的是（　　）。

　　A. 10110B　　　　　B. 0386　　　　　　　C. 0Xffa　　　　　D. x2a2

6. 下列变量定义中合法的是（　　）。

　　A. short _a=1-.le-1;　　　　　　　　　　B. double b=1+5e2.5;

　　C. long do=0xfdaL;　　　　　　　　　　 D. float 2_and=1-e-3;

7. 若有代数式 $\dfrac{3ab}{cd}$，则不正确的 C 语言表达式是（　　）。

　　A. a/c/d*b*3　　　B. 3*a*b/c/d　　　　C. 3*a*b/c*d　　　D. a*b/d/c*3

8. 已知各变量的类型说明如下：

　　int m=8,n,a,b;

　　unsigned long w=10;

　　double x=3.14,y=0.12;

　　则以下符合 C 语言语法的表达式是（　　）。

　　A. a+=a-=(b=2)*(a=8)　　　　　　　　B. n=n*3=18

　　C. x%3　　　　　　　　　　　　　　　D. y=float (m)

9. 以下符合 C 语言语法的赋值表达式是（　　）。

　　A. a=9+b+c=d+9　　　　　　　　　　B. a=(9+b,c=d+9)

　　C. a=9+b,b++,c+9　　　　　　　　　　D. a=9+b++=c+9

10. 已知字母 A 的 ASCII 码为十进制数 65，且 S 为字符型，则执行语句 S='A'+'6'-'3'; 后，S 中的值为（　　）。

　　A. 'D'　　　　　　　B. 68　　　　　　　　C. 不确定的值　　　D. 'C'

11. 在 C 语言中，要求运算数必须是整型的运算符是（　　）。

　　A. /　　　　　　　　B. ++　　　　　　　　C. *=　　　　　　　D. %

12. 若有说明语句：char s='\72'；则变量 s（　　）。

　　A. 包含一个字符　　　　　　　　　　　　B. 包含两个字符

　　C. 包含三个字符　　　　　　　　　　　　D. 说明不合法，s 的值不确定

13. 若有定义：int m=7；float x=2.5,y=4.7；则表达式 x+m%3*(int)(x+y)%2/4 的值是（   ）。

    A. 2.500000   B. 2.750000   C. 3.500000   D. 0.000000

14. 在 C 语言中，char 型数据在内存中的存储形式是（   ）。

    A. 补码   B. 反码   C. 原码   D. ASCII 码

15. 设变量 x 为 float 类型，m 为 int 类型，则以下能实现将 x 中的数值保留小数点后两位，第三位进行四舍五入运算的表达式是（   ）。

    A. x=(x*100+0.5)/100.0   B. m=x*100+0.5, x=m/100.0

    C. x=x*100+0.5/100.0   D. x=(x/100+0.5)*100.0

16. 假设所有变量均为整型，则表达式（x=2，y=5，y++，x+y）的值是（   ）。

    A. 7   B. 8   C. 6   D. 2

17. 已知 s 是字符型变量，下面不正确的赋值语句是（   ）。

    A. s='\012';   B. s= 'u+v';   C. s='1'+'2';   D. s=1+2;

18. 若有以下定义，则正确的赋值语句是（   ）。

int x,y;

float z;

    A. x=1,y=2,   B. x=y=100   C. x++;   D. x=int (z);

19. 设 x、y 均为 float 型变量，则不正确的赋值语句是（   ）。

    A. ++x;   B. x*=y−2;   C. y=(x%3)/10;   D. x=y=0;

20. putchar()函数可以向终端输出一个（   ）。

    A. 整型变量表达式值   B. 字符串

    C. 实型变量值   D. 字符或字符型变量值

21. 以下程序段的输出结果是（   ）。

int a=12345; printf("%2d\n", a);

    A. 12   B. 34   C. 12345   D. 提示出错、无结果

22. 若 x 和 y 均定义为 int 型，z 定义为 double 型，以下不合法的 scanf()函数调用语句为（   ）。

    A. scanf("%d%lx,%le",&x,&y,&z);

    B. scanf("%2d*%d%lf",&x,&y,&z);

    C. scanf("%x%*d%o",&x,&y);

    D. scanf("%x%o%6.2f",&x,&y,&z);

23. 有如下程序段：

int   x1,x2;

char   y1,y2;

scanf（"%d%c%d%c", &x1,&y1,&x2,&y2）;

若要求 x1、x2、y1、y2 的值分别为 10、20、A、B，正确的数据输入是（   ）。（注：␣代表空格）

    A. 10A␣20B   B. 10␣A20B   C. 10␣A␣20␣B   D. 10A20␣B

24. 若变量已正确说明为 float 类型，要通过语句 scanf("%f%f%f", &a,&b,&c);给 a 赋予 10.0，b 赋予 22.0，c 赋予 33.0，不正确的输入形式为（   ）。

    A. 10<回车>   B. 10.0,22.0,33.0<回车>   C. 10.0<回车>   D. 10   22<回车>

      22<回车>   22.0 33.0<回车>   33<回车>

      33

25. 有如下程序，若要求 x1、x2、y1、y2 的值分别为 10、20、A、B，正确的数据输入是（　　）。
（注：⊔代表空格）

    int　x1,x2;

    char　y1,y2;

    scanf（"%d%d",&x1,&x2）;

    scanf（"%c%c",&y1,&y2）;

    A．1020AB　　　　　　B．10⊔20⊔ABC　　　　C．10⊔20　　　　　　D．10⊔20AB

26. 已有定义 int a=31；和输出语句：printf（"%8x", a）；以下正确的叙述是（　　）。

    A．整型变量的输出格式符只有%d 一种

    B．%x 是格式符的一种，它可以适用于任何一种类型的数据

    C．%x 是格式符

    D．%8x 是错误的格式符，其中数字 8 规定了输出字段的宽度

27. 有如下程序段，对应正确的数据输入是（　　）。

    float x,y;

    scanf("%f%f",&x,&y);

    printf("a=%f,b=%f",x,y);

    A．2.04<回车>　　　B．2.04,5.67<回车>　　C．A=2.04,B=5.67<回车> D．2.055.67<回车>

    5.67<回车>

28. 有如下程序段，从键盘输入数据的正确形式应是（　　）。（注：⊔代表空格）

    float　x,y,z;

    scanf("x=%f,y=%f,z=%f",&x,&y,&z);

    A．123　　　　　　　B．x=1,y=2,z=3　　　C．1,2,3　　　　　　D．x=1⊔y=2⊔z=3

29. 以下说法正确的是（　　）。

    A．输入项可以为一个实型常量，如 scanf("%f",3.5);

    B．只有格式控制，没有输入项，也能进行正确输入，如 scanf("a=%d,b=5d");

    C 当输入一个实型数据时，格式控制部分应规定小数点后的位数，如 scanf("%4.2f",&f);

    D．当输入数据时，必须指明变量的地址，如 scanf("%f",&f);

30. 根据定义和数据的输入方式，输入语句的正确形式为（　　）。（注：⊔代表空格）

    已有定义：float x,y;

    数据的输入方式：1.23<回车>

                    4.5<回车>

    A．scan("%f,%f",&x,&y);　　　　　　　　　B．scanf("%f%f",&x,&y);

    C．scanf("%3.2f⊔%2.1f",&x,&y);　　　　　D．scanf("%3.2f%2.1f",&x,&y);

31. 根据下面的程序及数据的输入和输出形式，程序中输入语句的正确形式应该为（　　）。

    #include"stdio.h"

    int main()

    {

        char s1,s2,s3;

        输入语句;

        printf("%c%c%c",s1,s2,s3);

```
   return 0;
   }
```
输入形式：A⊔B⊔C<回车>（注：⊔代表空格）

输出形式：A⊔B

A. scanf("%c%c%c",&s1,&s2,&s3);   B. scanf("%c⊔%⊔c%c",&s1, &s2,&s3);

C. scanf("%c,%c,%c",&s1,&s2,&s3);   D. scanf("%c%c", &s1, &s2,&s3);

32. 以下程序的执行结果是（   ）。

```
#include"stdio.h"
int main()
{
   int x=2,y=3;
   printf("x=%%d,y=%%d\n",x,y);
   return 0 ;
}
```
A. x=%2,y=%3   B. x=%%d,y=%%d   C. x=2,y=3   D. x=%d,y=%d

33. 以下程序的输出结果是（   ）。（注：⊔代表空格）

```
#include"stdio.h"
int main()
{
   printf("\nstring1=%15s*", "programming");
   printf("\nstring2=%-5s*", "boy");
   printf("string3=%2s*", "girl");
   return 0;
}
```
A. string1=programming⊔⊔⊔⊔*   B. string1=⊔⊔⊔⊔programming*
   string2=boy*   string2=boy⊔⊔*string3=gi*
   string3=gi*

C. string1=programming⊔⊔⊔⊔*   D. string1=⊔⊔⊔⊔programming*
   string2=⊔⊔boy*string3=girl*   string2=boy⊔⊔*string3=girl*

34. 根据题目中已给出的数据的输入和输出形式，程序中输入输出语句的正确内容是（   ）。

```
#include"stdio.h"
main()
{ int a;
float b;
输入语句
输出语句
}
```
输入形式：1⊔2.3<回车>（注：⊔代表空格）

输出形式：a+b=3.300

A. scanf("%d%f",&a,&b);　　　　　　　　B. scanf("%d%3.1f",&a,&b);

　　printf("\na+b=%5.3f",a+b);　　　　　　　printf("\na+b=%f",a+b);

C. scanf("%d,%f",&a,&b);　　　　　　　　D. scanf("%d%f",&a,&b);

　　printf("\na+b=%5.3f",a+b)　　　　　　　printf("\na+b=%f",a+b);

35. 阅读以下程序，当输入数据的形式为：12,34，正确的输出结果为（　　）。

```
#include"stdio.h"
int main()
{
    int a,b;
    scanf("%d%d", &a,&b);
    printf("a+b=%d\n",a+b);
    return 0;
}
```

A. a+b=46　　　　　　B. 有语法错误　　　　　　C. a+b=12　　　　　　D. 不确定值

36. 若有定义：int x,y; char s1,s2,s3; 并有以下输出数据：（注：␣代表空格）

1␣2<回车>

U␣V␣W<回车>

将整数 1 赋值给 x，将整数 2 赋值给 y，将字符 U 赋值给 s1，将字符 V 赋值给 s2，将字符 W 赋值给 s3 的正确程序段是（　　）。

A. scanf("x=%dy=%d",&x,&y); s1=getchar();s2=getchar();

　　s3=getchar();

B. scanf("%d%d",&x,&y);s1=getchar();s2=getchar();s3=getchar();

C. scanf("%d%d%c%c%c",&x,&y,&s1,&s2,&s3);

D. scanf("%d%d%c%c%c%c%c%c",&x,&y,&s1,&s1,&s2,&s2,&s3,&s3);

二、填空题

1. 以下程序的执行结果_____。

```
#include"stdio.h"
int main()
{
    short i=-1,j=1;
    printf("dec:%d,oct:%o,hex:%x,unsigned:%u\n",i,i,i,i);
    printf("dec:%d,oct:%o,hex:%x,unsigned:%u\n",j,j,j,j);
    return 0;
}
```

2. 以下程序的执行结果是_____。

```
#include"stdio.h"
int main()
{
    char s='b';
    printf("dec:%d,oct:%o,hex:%x,ASCII:%c\n", s,s,s,s);
```

```
      return 0;
   }
```

3. 以下程序的执行结果是_____。（注：⊔代表空格）

```
#include"stdio.h"
int main()
{
   float pi=3.1415927;
   printf("%f,%.4f,%4.3f,%10.3f",pi,pi,pi,pi);
   printf("\n%e,%.4e,%4.3e,%10.3e",pi,pi,pi,pi);
   return 0;
}
```

4. 以下程序的执行结果是_____。

```
#include"stdio.h"
int main()
{
   char c='c'+5;
   printf("c=%c\n",c);
   return 0;
}
```

5. 以下程序输入 1⊔2⊔3 后的执行结果是_____。（注：⊔代表空格）

```
#include"stdio.h"
int main()
{
   int i,j;
   char k;
   scanf("%d%c%d",&i,&k,&j);
   printf("i=%d,k=%c,j=%d\n",i,k,j);
   return 0;
}
```

6. 在以下程序中，若输入 9876543210 后的执行结果是_____；若输入 98⊔76⊔543210 后的执行结果是_____；若输入 987654⊔3210 后的执行结果为_____。（注：⊔代表空格）

```
#include"stdio.h"
int main()
{
   int x1,x2;
   char y1,y2;
   scanf("%2d%3d%3c%c",&x1,&x2,&y1,&y2);
   printf("x1=%d,x2=%d,y1=%c,y2=%c\n",x1,x2,y1,y2);
   return 0;
}
```

7. 若 x 和 y 均为 int 型变量，则以下语句的功能是_____。

x+=y;　　y=x-y;　　x-=y;

8. 有一个输入函数 scanf("%d",k);则不能使 float 类型变量 k 得到正确数值的原因是_____。

9. 有如下程序段，输入数据 12345ffl678 后，u 的值是_____，v 的值是_____。

int　u;

float　v;

scanf("%3d%f",&u,&v);

三、编程题

1. 编写程序，输入一个大写字母，输出对应的小写及其 ASCII 码。例如，

输入：A。输出：a、97。

2. 编写程序，输入一个华氏温度，要求输出摄氏温度。公式为：

$$C=\frac{5}{9}(F-32)$$

其中，F 表示华氏温度，C 表示摄氏温度。

3. 编写 C 程序，已经圆的半径，计算输出圆的周长和面积。

4. 甲流并不可怕，在中国，它的死亡率并不是很高。请根据截止 2009 年 12 月 22 日各省报告的甲流确诊数和死亡数，编写程序计算甲流在各省的死亡率。例如，

输入：输入仅一行，有两个整数，第一个为确诊数，第二个为死亡数。（10433、60）

输出：输出仅一行，甲流死亡率，以百分数形式输出，精确到小数点后 3 位。（0.575%）

5. 设计一个程序，实现将一个三位数反向输出。输入：一个三位数 n；输出：反向输出 n。样例输入：100。样例输出：001。（提示：分别应用/，求整数部分；%求余数部分。如 12/10=1;12%10=2）

6. 编写程序将"CHINA"译成密码，密码规律是：用原来的字母后面第 4 个字母替代原来的字母，例如字母'A'后面第 4 个字母是'E'，用'E'代替'I'。因此"CHINA"应该翻译成"CLMRE"。请编写一个程序将"CHINA"运算后变成"CLMRE"并输出。

3 Chapter

项目 3
使用选择结构实现系统菜单

图书超市收银系统要实现的功能非常多,为了方便用户操作,更是设计了系统的主菜单,这样用户可以依据主菜单来选择执行各种功能。本项目主要通过对系统主菜单的设计与实现,让读者掌握分支结构中的 if 语句、switch 语句以及关系运算符和关系表达式,逻辑运算符和逻辑表达式、条件运算符和条件表达式。

任务 3.1　会员与非会员的判定

学习目标

- 掌握关系运算符和表达式的使用方法；
- 掌握逻辑运算符和表达式的使用方法；
- 理解条件运算符和表达式；
- 掌握程序的 3 种结构；
- 掌握 if 语句的使用。

选择结构之 if 语句

任务描述

本次任务是通过输入 Y 或 y 来判断用户是否是会员，使用 C 语言的 if 语句、关系运算符和逻辑运算符来进行判断。

相关知识

分支结构（也称为选择结构）是 C 语言程序设计中 3 大基本结构之一，根据条件来判断执行哪些语句，如果给定的条件成立，就执行相应的语句，如果不成立，就执行其他语句。

例如，用户输入的成绩可以根据表 3-1 所示的成绩等级评定来输出相应的等级。

用户输入成绩，程序会做出判断，根据不同的成绩输出不同的等级。本例中 4 个输出语句，只有一个被执行，其他 3 个被跳过，没有执行。

表 3-1　成绩等级评定表

成绩	等级
小于 60 分	不及格
大于等于 60 分，小于 70 分	及格
大于等于 70 分，小于 90 分	良好
大于等于 90 分，小于等于 100 分	优秀

3.1.1　关系运算符和表达式

1. 关系运算符

在程序中经常需要比较两个数的大小关系，以确定程序下一步的工作。比较两个数大小的运算符称为关系运算符。进行关系运算后其结果为逻辑值（即"1"或者"0"），C 语言共提供了 6 种关系运算符。

　　<　　　　　　小于运算符，如 a<b。

　　<=　　　　　小于或等于运算符，如 a<=b+5。

　　>　　　　　　大于运算符，如 a>(b+c)。

　　>=　　　　　大于或等于运算符，如 x>=y。

==	等于运算符，如 a==b。
!=	不等于运算符，如 4!=7。

> **说明**
>
> ① 关系运算符都是双目运算符，均为左结合性。
>
> ② 在 6 个关系运算符中，<、<=、>、>=的优先级相同，高于==和!=，==和!=的优先级相同。
>
> ③ 关系运算符的优先级低于算术运算符，高于赋值运算符。
>
> ④ "=="是关系运算符，用来比较两个变量或表达式的值。而 "=" 是赋值运算符，用于赋值运算。
>
> ⑤ 由两个字符组成的运算符之间不可以加空格，如>=不能写成：> =。

2. 关系表达式

用关系运算符将两个或两个以上运算对象连接起来的式子，称为关系表达式。进行关系运算的对象可以是常量、变量或表达式。

例如：

```
a+b>c-d
5<9
(a=3)<=(b=5);
'a'>'b'
(a>b)==(b>c)
```

都是合法的关系表达式。

关系表达式的运算结果应理解为 1（真）或 0（假），在 C 语言中，用 "1" 表示 "真"，"0" 表示 "假"。例如：

```
int x=3,y=4,z=5; 则表达式
x<y          其值为 1（即"真"）
x+y<z        其值为 0（即"假"）
x>(y>z)      其值为 1（即"真"）
x>y>z        其值为 0（即"假"）
```

> **说明**
>
> ① 当关系运算符两边的值类型不一致时，（其他类型的没有说明）若一边是整型，一边是实型，系统自动将整型转换为实型，然后进行比较。
>
> ② 若 x 和 y 都是实型，应当避免使用==这样的关系表达式，因为通常存在内存中的实型数据是有误差的，不可能精确相等，这将导致关系表达式 x==y 的值总为 0。
>
> ③ 关系表达式常用于选择结构、循环结构的判定条件。
>
> ④ 关系表达式的值还可以参与其他种类的运算，例如算术运算、逻辑运算。
>
> ⑤ 当表示 x 在一定区间时，不能像数学一样写成连式，必须写成两个关系表达式再用逻辑运算符将其连接起来。例如，表示 x 大于 3 小于 5，不能写成 3<x<5，而应该写成 x>3&&x<5。

【例 3-1】输出关系表达式的值。

```
#include <stdio.h>
int main()
```

```
{
    char c='k';
    int i=1, j=2, k=3;
    float x=3e+5, y=0.85f;
    printf( "%d,%d\n", 'a'+5<c, -i-2*j>=k+1 );
    printf( "%d,%d\n", 1<j&&j<5, x-5.25<=x+y );
    printf( "%d,%d\n", i+j+k==-2*j, k==j==i+5 );
    return 0;
}
```

程序运行结果：

```
1, 0
1, 1
0, 0
```

在本例中，字符变量是以它对应的 ASCII 码参与运算的。对于含多个关系运算符的表达式，如 k==j==i+5，根据运算符的左结合性，先计算 k==j，该式不成立，其值为 0，再计算 0==i+5，也不成立，故表达式值为 0。

3.1.2 逻辑运算符和表达式

1. 逻辑运算符

关系表达式只能描述单一条件，对于复杂的复合条件，就需要将若干个关系表达式连接起来才能描述。例如，描述 "x>=3" 同时 "x<=5"，就需要借助逻辑表达式。

C 语言中提供了 3 种逻辑运算符。

（1）&&　　　（逻辑与）　　　相当于"同时"
（2）||　　　（逻辑或）　　　相当于"或者"
（3）!　　　（逻辑非）　　　相当于"否定"

例如：

```
a&&b    当且仅当 a,b 同时为"真"时，运算结果为"真"，否则为"假"。
a||b    当且仅当 a,b 同时为"假"时，运算结果为"假"，否则为"真"。
!a      当 a 为"真"，运算结果为"假"，当 a 为"假"时，运算结果为"真"。
```

与运算符（&&）和或运算符（||）均为"双目运算符"，它要求有两个运算量，具有左结合性。非运算符（!）为单目运算符，只要求一个运算量，且具有右结合性。逻辑运算符和其他运算符优先级的关系如图 3-1 所示。

2. 逻辑运算的值

逻辑运算的值为"真"和"假"两种，分别用"1"和"0"来表示。例如，int x=2,y=6,z;

```
z=(y>3)  其值 z=1
z=(x>y)  其值 z=0
```

例如，int x=2,y=3,z=5,b=0,a;

```
a=x+y>z&&b<0      相当于 a=((x+y)>z)&&(b<0)    其值为：a=0
a=x<y||!b         相当于 a=(x<y)||(!b)        其值为：a=1
```

虽然 C 编译在给出逻辑运算值时，以"1"代表"真"，"0"代表"假"。但反过来在判断一个量是为"真"还是为"假"时，以"0"代表"假"，以非"0"的数值作为"真"。例如：

```
由于 5 和 3 均为非"0"因此 5&&3 的值为"真"，即为 1。
```

图3-1 运算符优先级

3. 逻辑表达式

逻辑表达式是指用逻辑运算符将一个或多个表达式连接起来，进行逻辑运算的式子。在 C 语言中，用逻辑表达式表示多个条件的组合。

例如，判断一个整数 n 能否被 3 和 5 整除，可用如下逻辑表达式来表示。

```
n%3==0&&n%5==0
```

又如，表示 x 的取值在 [5,9] 或（120,180）的表达式为：

```
(x>=5&&x<=9)||(x>120&&x<180)
```

注意

不能写成 5<=x<=9||120<x<180。

说明

实际系统在计算逻辑表达式时，只有在必须执行下一个表达式求解时，才真正求解这个表达式。

（1）对于逻辑与运算，如果第一个操作数被判定为"假"，系统将不再判定或求解第二个操作数。

例如，int a=0,b=0;a&&b++;逻辑表达式结果为 0，a=0，b=0。

（2）对于逻辑或运算，如果第一个操作数被判定为"真"，系统将不再判定或求解第二个操作数。

例如，int a=1,b=0;a||b++;逻辑表达式的结果为 1，a=1，b=0。

【例 3-2】输出逻辑表达式的值。

```c
#include <stdio.h>
int main()
{
    char c='k';
    int i=1,j=2,k=3;
    float x=3e+5,y=0.85f;
    printf("%d,%d\n", !x*!y, !!!x );
    printf( "%d,%d\n", x||i&&j-3, i<j&&x<y );
    printf( "%d,%d\n", i==5&&c&&(j=8), x+y||i+j+k );
    return 0;
}
```

程序输出结果：

```
0, 0
1, 0
0, 1
```

在本例中，!x 和!y 为 0，!x*!y 也为 0，所以输出值为 0。由于 x 为非 0，!!!x 的逻辑值为 0。对于表达式 x||i&& j−3，由于 x 为非 0，因此 x||i&&j−3 的逻辑值为 1。对表达式 i<j&&x<y，由于 i<j 的值为 1，而 x<y 为 0，故表达式的值为 1 和 0 进行与运算，最后为 0，对表达式 i==5&&c&&(j=8)，由于 i==5 为假，即值为 0，该表达式由两个与运算组成，所以整个表达式的值为 0。对于表达式 x+ y||i+j+k，由于 x+y 的值为非 0，故整个或表达式的值为 1。

3.1.3 条件运算符

条件运算符由 "?" 和 ":" 组成，它是 C 语言中唯一的三目运算符（即要求有 3 个运算量）。条件表达式的一般形式为：

表达式 1?表达式 2：表达式 3

条件表达式的执行过程为：先求解表达式 1，若为非 0（为"真"）时，则求解表达式 2 的值作为整个条件表达式的值；若表达式 1 的值为 0（为"假"）时，则求解表达式 3 的值作为整个条件表达式的值。

例如条件语句：

```
if(a>b) max=a;
else max=b;
```

可用条件表达式写成如下：

```
max=(a>b)?a:b;
```

执行该语句的语义是：如 a>b 为真，则把 a 赋予 max，否则把 b 赋予 max。

使用条件表达式时，还应注意以下几点。

① 条件运算符的运算优先级低于关系运算符和算术运算符，但高于赋值运算符。因此，

```
max=(a>b)?a:b;
```

可以去掉括号写成：

```
max=a>b?a:b;
```

② 条件运算符?和：是一对运算符，不能分开单独使用。

③ 条件运算符的结合方向是自右至左。例如：

```
a>b?a:c>d?c:d;
```

应理解为：

```
a>b?a:(c>d?c:d);
```

④ 条件运算符允许嵌套。例如：

```
a>b?a:c>d?c:d 相当于 a>b?a:(c>d?c:d)。
```

【例 3-3】用条件表达式输出两个数中的大数。

```
#include <stdio.h>
int main()
{
```

```
    int a,b;
    printf("input two numbers: ");
    scanf("%d%d",&a,&b);
    printf("max=%d\n",a>b?a:b);
    return 0;
}
```

程序运行结果：

```
input two numbers:87 56↙
max=87
```

3.1.4　流程图与程序结构

流程图是一种用带箭头的线条将有限个几何图形框连接而成的，其中，框用来表示指令动作或指令序列或条件判断，箭头说明算法的走向。流程图通过形象化的图示，能较好地表示算法中描述的各种结构，有了流程图，程序设计可以更方便和严谨。

算法流程图的符号采用美国国家标准化学会（ANSI）规定的一些常用的流程图符号，这些符号和它们所代表的功能如表 3-2 所示。

表 3-2　流程图符号说明表

流程图符号	名称	功能含义
⬭	开始/结束框	代表算法的开始或结束。每个独立的算法只有一对开始/结束框
▱	数据框	代表算法中数据的输入或数据的输出
▭	处理框	代表算法中的指令或指令序列。通常为程序的表达式语句，对数据进行处理
◇	判断框	代表算法中的分支情况，判断条件只有满足和不满足两种情况
◯	连接符	当流程图在一个页面画不完的时候，用它来表示对应的连接处。用中间带数字的小圆圈表示，如①
→ ⌐	流程线	代表算法中处理流程的走向，连接上面的各图形框，用实心箭头表示

为了更加简化流程图的框图，通常将平行四边形的输入/输出框用矩形处理框来代替。

对于结构化的程序而言，表 3-2 所示的 6 种符号组成的流程图只构成 3 种基本结构：顺序结构、分支结构和循环结构，一个完整的算法可以通过这 3 种基本结构的有机组合来表示。掌握了这 3 种基本结构的流程图的画法，就可以画出整个算法的流程图。

1．顺序结构

顺序结构是 3 种基本结构中最简单的一种，程序中的语句是按照从上到下的顺序逐行排列。顺序结构就是一条一条地从上到下执行语句，所有的语句都会被执行到，执行过的语句不会再次执行。

先执行指令 A，再执行指令 B，两者是顺序执行的关系，如图 3-2 所示。

例如，求 1+2+3+4+5 的和，就可以一个数一个数地依次累加。

完成顺序程序设计的语句包括赋值语句、函数调用语句和复合语句。

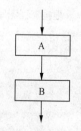

图3-2　顺序结构

2．分支结构

分支结构也称选择结构，就是根据条件来决定执行哪些语句，如果给定的条件成立，就执行相应的语句，如果不成立，就执行其他语句。

P 代表一个条件，当 P 条件成立（或称为"真"）时执行 A，否则执行 B。注意：只能执行 A 或 B 之一。两条路径汇合在一起然后出口，如图 3-3 所示。

3. 循环结构

循环结构就是在达到指定条件前，重复执行某些语句。当 P 条件成立（"真"）时，反复执行 A 操作，直到 P 为假才停止，如图 3-4 所示。

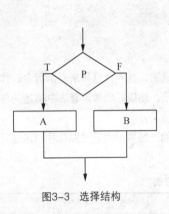

图3-3　选择结构　　　　　　　　　　图3-4　当型循环结构

3.1.5　if 语句简单分支程序设计

分支结构，也称选择结构，可以让程序在执行时能够选择不同的操作，其选择的标准是由指定的条件是否成立决定的。

if 语句是 C 语言中的分支结构语句的主要形式。它根据给定的条件进行判断，以决定执行某个分支程序段。

1. if 语句单分支结构

```
if(表达式)
    语句序列
```

该 if 语句的执行过程为：当执行到 if 语句时，先判断其表达式，若表达式的值为非 0，则执行其后的语句序列；若表达式的值为 0 时，则不进行任何操作，然后执行 if 语句后的下一条语句。其过程表示如图 3-5 所示。

【例 3-4】从键盘输入一个整数，求该数的绝对值。

分析：这个问题的核心就是对负数要取其绝对值，算法流程图如图 3-6 所示。

根据流程图写出的程序如下。

```c
#include <stdio.h>
int main()
{
    int num;
    printf("input a number: ");
    scanf("%d",&num);
    if (num<0)
       num=-num;
    printf("The absolute value is %d\n",num);
    return 0;
}
```

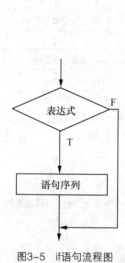

图3-5 if语句流程图

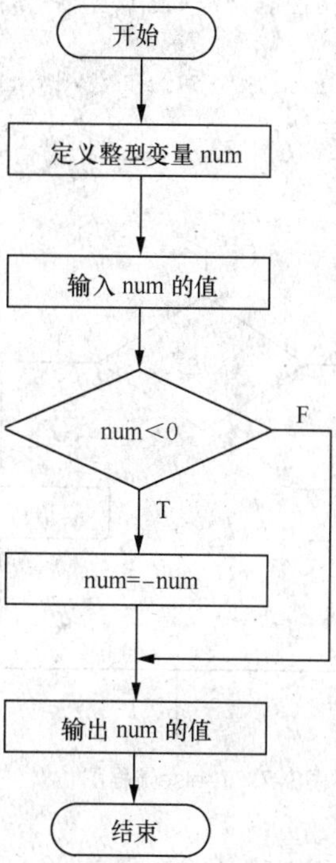

图3-6 例3-4算法流程图

程序运行结果:

```
input a numbers:-3✓
The absolute value is 3
```

2. if 语句双分支格式

```
if(表达式)
    语句序列 1;
else
    语句序列 2;
```

该 if 语句执行过程为: 先判断 if 后面的表达式, 若表达式的值为非 0, 则执行语句序列 1, 然后跳过 else 子句, 去执行 if 语句后面的下一条语句; 若表达式的值为 0, 跳过 if 子句, 去执行 else 所带的语句序列 2, 接着去执行 if 语句后的下一条语句。其执行过程如图 3-7 所示。

【例 3-5】输入一个整数, 判断它的奇偶性。

分析: 根据题目的要求, 可以将这个问题转换成判断这个整数是否能被 2 整除, 其程序算法流程图如图 3-8 所示。

根据流程图写出的程序如下。

```
#include <stdio.h>
int main()
{
    int m;
    scanf("%d",&m);
    if (m%2==0)
```

```
        printf("%d is 偶数\n",m);
    else
        printf("%d is 奇数\n",m);
    return 0;
}
```

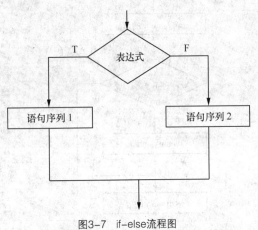

图3-7　if-else流程图

图3-8　例3-5算法流程图

程序运行结果：

```
5✓
5 is 奇数
```

任务实现

步骤1：启动 Visual C++ 6.0。

步骤2：新建 C 语言源程序文件（Chapter3-1.c）。

步骤3：在 C 语言源程序文件中，输入如下代码。

任务实现

```
#include "stdio.h"
int main()
{
    char ch;
    printf("请问你是会员吗？（Y/N）\n");
    scanf("%c",&ch);
    if(ch=='Y'||ch=='y')
        printf("欢迎会员回来！");
    else
        printf("欢迎顾客光临！");
    return 0;
}
```

步骤4：编译连接。

步骤5：执行，运行结果如下所示。

```
请问你是会员吗？（Y/N）
Y↙
欢迎会员回来！
```

任务 3.2 会员等级的分类判断

学习目标

- 理解多重选择程序设计方法；
- 掌握 if 语句的嵌套使用方法；
- 掌握 switch 语句的使用。

任务描述

本次任务是根据会员的等级不同来实现不同的折扣处理。会员分类有普通会员卡、银卡、金卡和贵宾卡，当普通会员的积分达到 1 000 时就能升级到银卡，积分达到 5 000 积分就能升级到金卡，积分达到 10 000 就能升级到贵宾卡。会员可根据等级享受到相对应的折扣，如普通会员折扣为 0.95，银卡会员折扣为 0.9，金卡会员折扣为 0.85，贵宾卡会员折扣为 0.80。通过本次任务掌握 C 语言中的多重选择程序设计方法。

相关知识

3.2.1 if 语句的多重选择程序设计

1. if 语句多分支格式

```
if(表达式1)
    语句1;
else if(表达式2)
    语句2;
else if(表达式3)
    语句3;
        …
else if(表达式m)
    语句m;
else
    语句n;
```

该 if 语句执行过程为：先判断表达式 1 的值，若其值为非 0，则执行语句序列 1；若其值为 0，则判断表达式 2，若其值为非 0，则执行语句序列 2；若其值为 0，则继续判断后面的表达式，直到最后，若没有表达式的值为非 0，则执行最后的语句序列 n。最后的 else 语句可以没有，也就是当没有表达式满足条件时将不进行任何操作。其程序语句流程如图 3-9 所示。

【例 3-6】根据键盘输入字符的 ASCII 码来判别其类型。

分析：由 ASCII 码表可知 ASCII 值小于 32 的为控制字符。在'0'和'9'之间的为数字，在'A'和'Z'之间为大写字母，在'a'和'z'之间为小写字母，其余则为其他字符。按题目的要求，根据输入字符的 ASCII 码所在范围给出不同的输出，其算法流程图如图 3-10 所示。

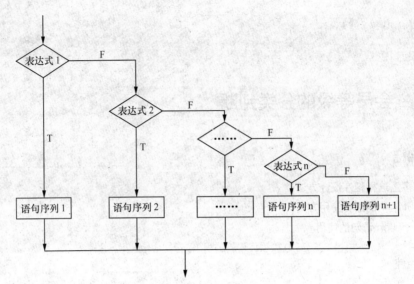

图3-9　if-else-if语句流程图

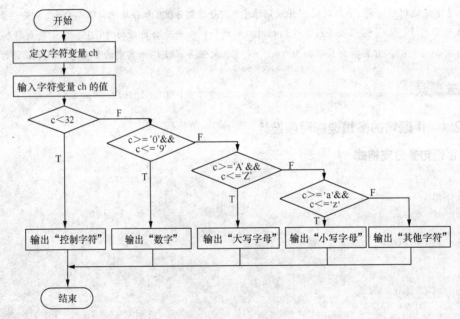

图3-10　例3-6算法流程图

根据流程图写出的程序如下。

```
#include <stdio.h>
int main()
{
    char c;
    printf("请输入一个字符:");
    c=getchar();
    if(c<32)
        printf("控制字符\n");
    else if(c>='0'&&c<='9')
```

```
        printf("数字\n");
    else if(c>='A'&&c<='Z')
        printf("大写字母\n");
    else if(c>='a'&&c<='z')
        printf("小写字母\n");
    else
        printf("其他字符\n");
    return 0;
}
```

程序运行结果：

请输入一个字符：p✓
小写字母

 说 明

① if后的"表达式"一般为关系表达式或逻辑表达式，也可以是任意数值类型，必须用"()"括起来。
② else子句是if语句的一部分，必须与if配对使用，不能单独使用。
③ 当if和else下面的语句不只一条语句时，要用复合语句形式，即将多条语句用{}括起来，否则它将只执行后面的第一条语句。特别注意{}中的每一条语句后都要加";"，但{}后不需要加";"。

2. if 语句的嵌套与嵌套匹配原则

当if语句中的执行语句还是if语句时，则构成了if语句嵌套的情形。其一般形式可表示如下。

```
① if(表达式1)
   if（表达式2）
      语句序列1
   else
      语句序列2
② if(表达式1)
   if（表达式2）
      语句序列1
   else
      语句序列2
   else
      语句序列3
③ if(表达式1)
      语句序列1
   else if（表达式2）
      语句序列2
   else
      语句序列3
④ if(表达式1)
   if（表达式2）
      语句序列1
   else
      语句序列2
   else if（表达式3）
```

```
        语句序列 3
    else
        语句序列 4
```

if 语句嵌套时，else 子句与 if 的匹配原则为：else 子句总是与在它上面、距它最近且尚未匹配的 if 配对。例如：

```
if(a==b)
if(b==c)
    printf("a==b==c");
else
    printf("a!=b");
```

因为 else 子句总是与在它上面距它最近、尚未匹配的 if 配对，因此，此程序段中的 else 子句会与 if(b==c) 配对而不是与 if(a==b) 配对，这样容易发生错误。为了实现正确的配对方法，一般加上{}，可进行如下修改。

```
if(a==b)
{
    if(b==c)
    printf("a==b==c");
}
else
    printf("a!=b");
```

【例 3-7】比较两个数的大小关系。

```
#include <stdio.h>
int main()
{
    int a,b;
    printf("please input a,b:");
    scanf("%d%d",&a,&b);
    if(a!=b)
    if(a>b)  printf("a>b\n");
    else     printf("a<b\n");
    else     printf("a=b\n");
    return 0;
}
```

为了增强程序的可读性，一般情况下较少使用 if 语句的嵌套结构。

用 if-else-if 多分支语句改写程序，如下。

```
#include <stdio.h>
int main()
{
    int a,b;
    printf("please input a,b:");
    scanf("%d%d",&a,&b);
    if(a==b) printf("a=b\n");
    else if(a>b)  printf("a>b\n");
    else  printf("a<b\n");
    return 0;
}
```

程序运行结果：

```
please input a,b:34 67✓
a<b
```

3.2.2　switch 语句

switch 语句

在 C 语言中，解决多分支选择问题，除了可以利用 if 语句的嵌套外，还可以采用 switch 语句来实现。switch 语句称为分支语句，又称为开关语句。其一般格式为：

```
switch(表达式)
{
    case 常量表达式 1:    语句序列 1;[break]
    case 常量表达式 2:    语句序列 2;[break]
    …
    case 常量表达式 i:    语句序列 i;[break]
    case 常量表达式 n:    语句序列 n;[break]
    default:   语句序列 n+1;
}
```

其执行过程为：先计算 switch 表达式的值，然后自上而下和 case 后的常量表达式的值进行比较，如果相等则执行其后的语句序列，假定入口是常量表达式 2，那么执行语句序列 2，当语句序列 2 执行完毕后，若有 break 语句，则中断 switch 语句的执行，否则继续执行语句序列 3、语句序列 4，一直到语句序列 n。如果没有和表达式的值相匹配的常量表达式，则执行 default 后的语句。switch 语句一般形式的流程图，如图 3-11 所示。

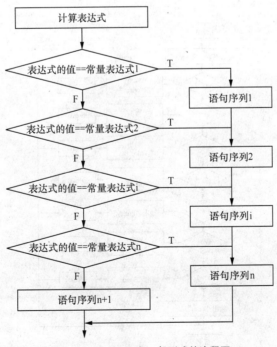

图3-11　Switch语句一般形式的流程图

说明

① switch、case 和 default 都是构成多分支语句的关键字。[ ]表示 break 可有可无，break 语句起跳出作用，若没有 break 语句则找到执行入口后将一直执行后面的所有 case 所带的语句，直到最后。

② 如果能够列出表达式各种可能的取值，则语句中可省去 default 分支；否则，最好不要省略 default，因为 default 表示的是 switch 语句在没有找到匹配入口时的语句执行入口。

③ case 后的常量表达式的值实际上就是 switch 后括号内的表达式的各种可能的取值，其值必须互不相同。

④ switch 后的表达式可以是任何表达式，一般为整型、字符型和枚举型表达式。

⑤ 在 switch 语句的一般使用形式下，case 出现的次序不影响执行结果。

⑥ 在 case 后可包含多个执行语句，而且不必加{}。

⑦ switch 可以嵌套。

⑧ 多个 case 可以共用一组执行语句，例如，

```
switch(表达式)
{
    case 常量表达式 1:
    case 常量表达式 2:
    case 常量表达式 3:语句序列 1;[break]
    …
    case 常量表达式 n:  语句序列 n;[break]
    default:  语句序列 n+1;
}
```

【例 3-8】根据输入的数据判断星期几。

分析：这个问题其实就是根据输入数据的值（1~7），输出相应的星期几（Monday~Sunday），算法流程如图 3-12 所示。

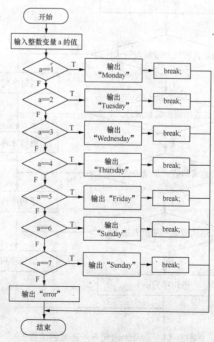

图3-12 例3-8算法流程图

```
#include <stdio.h>
int main()
{
    int a;
    printf("input integer number:");
    scanf("%d",&a);
    switch (a)
    {
      case 1:printf("Monday\n");
      case 2:printf("Tuesday\n"); break;
      case 3:printf("Wednesday\n");break;
      case 4:printf("Thursday\n");break;
      case 5:printf("Friday\n"); break;
      case 6:printf("Saturday\n"); break;
      case 7:printf("Sunday\n"); break;
      default:printf("error\n");
    }
    return 0;
}
```

程序运行结果：

```
Input integer number: 1✓
Monday
Tuesday
```

在本实例中，“case 常量表达式”只相当于一个语句标号，表达式的值和某标号相等则转向该标号执行，但不能在执行完该标号的语句后自动跳出整个switch语句,所以在每个case分支后面都要加一个break语句来实现这个功能。

【例3-9】根据学生成绩输出 A、B、C、D、E。

```
#include <stdio.h>
int main()
{
    int a,s;
    printf("Input the score:");
    scanf("%d",&s);
    a=s/10;
    switch (a){
        case 10:
        case 9:printf("A\n");
        case 8:printf("B\n"); break;
        case 7:printf("C\n"); break;
        case 6:printf("D\n"); break;
        default:printf("E\n");
    }
    return 0;
}
```

程序运行结果：

```
Input the score:70✓
C
```

本例中前两个 case 语句共用一组执行语句。

任务实现

步骤 1：启动 Visual C++ 6.0。

步骤 2：新建 C 语言源程序文件（Chapter3-2.c）。

步骤 3：在 C 语言源程序文件中，输入如下代码。

```c
#include "stdio.h"
int main()
{
    int credit;
    printf("请输入该会员的积分：");
    scanf("%d",&credit);
    if(credit>0&&credit<1000)
        printf("普通会员！\n");
    else if(credit<5000)
        printf("银卡会员！\n");
    else if(credit<10000)
        printf("金卡会员！\n");
    else
        printf("贵宾卡会员！\n");
    return 0;
}
```

或

```c
#include "stdio.h"
int main()
{
    int credit;
    printf("请输入该会员的积分：");
    scanf("%d",&credit);
    switch(credit/1000)
    {
        case 0:  printf("普通会员！\n");  break;
        case 1:
        case 2:
        case 3:
        case 4:  printf("银卡会员！\n");   break;
        case 5:
        case 6:
        case 7:
        case 8:
        case 9:  printf("金卡会员！\n");   break;
        default: printf("贵宾卡会员！\n");
    }
    return 0;
}
```

步骤 4：编译连接。

步骤 5：执行，运行结果如下所示。

请输入该会员的积分：2688↙
银卡会员

项目实战——图书超市收银系统界面菜单选择

实现图书超市收银系统的子菜单设计，如图 3-13 所示，为实现系统功能做好第一步。

图3-13　菜单设计

本任务目的如下。

（1）通过本案例的操作可以将系统各子功能进一步的确定下来。

（2）学习 switch 语句的使用方法。

（3）掌握清屏的方法。

实现步骤如下。

（1）打开 VC++6.0 开发环境，打开工作空间，打开 C 源程序。

（2）添加程序代码代码如下。

```
#include<stdio.h>
#include<stdlib.h>
int main()
{
    char ch;
    printf("图书超市管理系统 v1.0\n");
    printf("1.图书基本信息管理\n");
    printf("2.购书结算处理\n");
    printf("3.售书历史记录\n");
    printf("0.退出系统\n");
    printf("\n 请输入您要进行的操作:");
    scanf("%c",&ch);
    switch(ch){
    case '1':
    {
        printf("图书基本信息管理\n");
```

```
        printf("1.增加图书\n");
        printf("2.删除图书\n");
        printf("3.修改图书\n");
        printf("4.查找图书\n");
        printf("5.一览图书\n");
        printf("0.返回首页\n");
        printf("\n");
        break;
    }
    case '2':
    {
        printf("购书结算处理\n");
        printf("1.会员登录\n");
        printf("2.非会员进入\n");
        printf("0.返回\n");
        printf("\n");
        break;
    }
    case '3':
    {
        printf("售书历史记录\n");
        break;
    }
    case '0':
    {
        system("cls");
        printf("感谢您使用本软件,该软件为教学版本功能尚不完善。\n");
        break;
    }
    }
    return 0;
}
```

　　本任务在主界面中为每个子功能进行了编号，使用 switch 语句判断用户选择的编号，来确定进入哪一个子界面，包含库函数 "stdlib.h"，使用 system("cls") 实现清屏。

项目小结

　　本项目介绍了结构化程序设计的基本结构之一——选择结构，另外还介绍了关系运算和逻辑运算的相关内容。程序选择结构包括 if 语句、if_else 语句、if 嵌套语句和 switch 语句等不同形式，它们的共同特点是：先进行条件判断，再根据判断结果决定下一步做什么。

　　if 语句的合理嵌套可以实现多分支选择，并且通用性比 switch 更好，但使用时需注意 else 语句的配对。另外，如果过多的 if_else 嵌套会造成程序代码过长，降低程序的可读性。

　　switch 语句也是一种多分支选择语句，其可读性比 if 语句要强。但在使用 switch 语句的过程中要注意正确地使用 break 语句，以便程序能正常从 switch 分支中跳出，避免发生逻辑错误。同时，还要注意设置 default 语句，用于确定当 switch 语句中表达式的值不在所有 case 标号的范围内时而执行的语句。

习题三

一、选择题

1. 已有定义语句：int x=3,y=4,z=5;，则值为 0 的表达式是（   ）。

　　A. x>y++　　　　　　　B. x<=++y　　　　　C. x !=y+z>y-z　　　　D. y%z>=y-z

2. 已有定义语句：int x=3,y=0,z=0;，则值为 0 的表达式是（   ）。

　　A. x&&y　　　　　　　B. xllz　　　　　　　C. x llz+2&&y-z　　　　D. !((x<y)&& !zlly)

3. 已有定义语句：int x=6,y=4,z=5;，执行以下语句后，能正确表示 x，y，z 值的选项是（   ）。

　　if(x<y)　z=x;x=y;y=z;

　　A. x=4,y=5,z=6　　　B. x=4,y=6,z=6　　　C. x=4,y=5,z=5　　　D. x=5,y=6,z=4

4. 若变量 a，b，c 都为整型，且 a=1、b=15、c=0，则表达式 a==b>c 的值是（   ）。

　　A. 0　　　　　　　　　B. 非零　　　　　　　C. "真"　　　　　　　D. 1

5. 以下程序的输出结果是（   ）。

```
int main()
{
    int a=5,b=4,c=6,d;
    printf("%d\n",d=a>b?(a>c?a:c):(b));
    return 0;
}
```

　　A. 5　　　　　　　　B. 4　　　　　　　C. 6　　　　　　　D. 不确定

二、填空题

1. 若 x 为 int 类型，请以最简单的形式写出与!x 等价的 C 语言表达式_____。

2. 若有定义语句：int a=1,b=2,c=3,d=4;，则执行下述表达式后，表达式的值是_____，a 的值是_____，b 的值是_____，c 的值是_____，d 的值是_____。

(a*=a<b)&&(c-=b<=d++);

3. 若从键盘上输入 3 和 4，执行以下程序后的输出结果是_____。

```
int main()
{
    int a=0,b=0,s=0;
    scanf("%d%d",&a,&b);
    if(a<b) s=b*a,s*=a;
    printf("%d\n",s);
    return 0;
}
```

4. 以下程序的运行结果是_____。

```
int main()
{
    int a=0,b=0,c;
    if(a>b)  c=1;
```

```
    else if(a==b) c=0;
    else c=-1;
    printf("%d\n",c);
    return 0;
}
```

5. 以下程序的运行结果是_____。

```
int main()
{
    int a=0,b=4,c=5;
    switch(a==0)
    {
        case   1: switch(b<0)
        {
            case 1: printf("@"); break;
            case 0: printf("!"); break;
        }
        case 0: switch(c==5)
        {
            case 0: printf("*"); break;
            case 1: printf("#"); break;
            default: printf("%");
        } break;
        default: printf("&");
    }
    return 0;
}
```

三、编程题

1. 输入 3 个整数 x、y、z，请把这 3 个数由小到大输出。

2. 本程序演示从键盘输入 x 的值，计算并打印下列分段函数的值。

$$
\begin{cases}
y=0 & x<60 \\
y=1 & 60<=x<70 \\
y=2 & 70<=x<80 \\
y=3 & 80<=x<90 \\
y=4 & x>=90
\end{cases}
$$

3. 编写程序，判断某一年是否为闰年。闰年条件是符合下面二者之一：（1）能被 4 整除，但不能被 100 整除的年；（2）能被 400 整除的年。

4. 写一个程序设计一个最简单的计算器，支持+、-、*、/四种运算。

5. 在北大校园里，没有自行车，上课办事会很不方便.但实际上，并非去办任何事情都是骑车快，因为骑车总要找车、开锁、停车、锁车等，这要耽误一些时间。假设找到自行车，开锁并车上自行车的时间为 27 秒；停车锁车的时间为 23 秒；步行每秒行走 1.2 米，骑车每秒行走 3.0 米。请判断走不同的距离去办事，是骑车快还是走路快。写一程序，输入一行，包含一个整数，表示一次办事要行走的距离，单位为米。输出一行，如果骑车快，输出一行"Bike"；如果走路快，输出一行"Walk"；如果一样快，输出一行"All"。

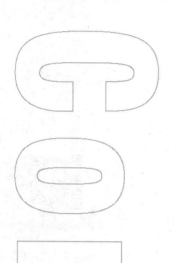

4 Chapter

项目 4
使用循环结构实现菜单关联

图书超市收银系统要实现的功能非常多,仅有主菜单还不够,还需要设计和实现子菜单。本项目主要通过对系统主菜单与子菜单的关联,让读者掌握循环结构中的 while 语句、do-while 语句、for 语句和跳转语句。

任务 4.1　统计单次购书的数量和总价

学习目标

- 理解循环结构；
- 掌握 while 语句的使用方法；
- 掌握 do-while 语句的使用。

while 与 do-while 语句

任务描述

本次任务是通过输入用户购买本次图书的种类数量，以及每种图书的单价和数量，来统计本次购书的总数量和总金额。通过本次任务来掌握 while 语句、do-while 语句的使用方法。

相关知识

循环结构是程序中一种很重要的结构。其特点是，当给定条件成立时，反复执行某程序段，直到条件不成立为止。给定的条件称为循环条件，反复执行的程序段称为循环体。循环结构一般用来解决程序中需要重复执行的操作。例如，要输出如下图形：

```
* * * * *
* * * * *
```

使用顺序结构解决上述问题的代码如下。

```
int main()
{
printf("* * * * *");
printf("* * * * *");
return 0;
}
```

但是，如果要输出 100 行以上的图形呢？如果用顺序结构实现就需要写 100 个输出语句，这显然不是一种有效的解决方法。此时，若使用本章的循环结构来实现，程序就会简单很多。

C 语言提供了多种循环语句，可以组成各种不同形式的循环结构。

4.1.1　while 语句

while 语句的一般形式为：

```
while(表达式)
    语句序列
```

其中，表达式是循环条件，语句序列为循环体。当循环体中包含两条或两条以上语句时，一定要用大括号。

执行过程如下：计算表达式的值，当值为真（非 0）时，执行循环体语句，执行完循环语句后，再返回计算表达式的值，直到表达式的值为假（0）时，退出循环，执行 while 语句的下一条语句。循环体语句可以为空语句、简单语句或复合语句。其流程如图 4-1 所示。

【例 4-1】用 while 语句计算从 1 加到 100 的值。

分析：本题的数学表达式为 1+2+3+…+100，设 sum 为该表达式的和、i 为循环变量，当 i 从 1 增加到 100 时，循环计算表达式：sum=sum+i 就可以得到计算结果。算法流程图如图 4-2 所示。

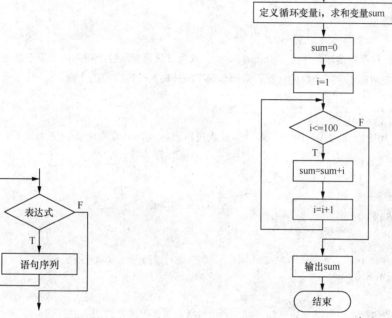

图4-1　while语句的流程图　　　　图4-2　例4-1算法流程图

```c
#include <stdio.h>
int main(){
    int i,sum=0;
    i=1;
    while(i<=100){
        sum=sum+i;
        i++;
    }
    printf("%d\n",sum);
    return 0;
}
```

程序运行结果：

```
5050
```

在本例中，如果循环体包含一个以上的语句，应该用花括弧括起来，以复合语句形式出现。在循环体中应有使循环趋向于结束的语句，即循环变量变化的语句"i++"。循环变量使用前要赋初值。

【例 4-2】统计从键盘输入一行字符的个数。

```c
#include <stdio.h>
int main(){
    int n=0;
    printf("input a string:\n");
```

```
   while(getchar()!='\n') n++;
   printf("%d\n",n);
   return 0;
}
```

程序运行结果：

```
input a string:
Hello✓
5
```

在本例中，程序的循环条件为 getchar()!='\n'，其意义是只要从键盘输入的字符不是回车就继续循环。循环体 n++ 完成对输入字符个数的计数，从而实现了统计输入一行字符的个数。

 说明

（1）while 语句中的表达式一般是关系表达式或逻辑表达式，只要表达式的值为真（非 0）即可继续循环。例如：

```
#include <stdio.h>
int main(){
    int a=0,n;
    printf("\n input n:    ");
    scanf("%d",&n);
    while (n--) printf("%d  ",a++*2);    //执行 n 次，每执行一次 n 减 1。
    return 0;
}
```

（2）循环体若包括有一个以上的语句，则必须用{}括起来，组成复合语句。

（3）应注意循环条件的选择以避免死循环，例如：

```
#include <stdio.h>
int main()
{
    int a,n=0;
    while(a=5)
      printf("%d",n++);
    return 0;
}
```

本例中 while 语句的循环条件为赋值表达式 a=5，该表达式的值永远为真，而循环体中又没有其他终止循环的语句，因此该循环将无休止地进行下去，形成死循环。

4.1.2 do-while 语句

do-while 语句的一般形式为：

```
do
    语句
 while(表达式);
```

这个循环与 while 循环的不同在于：它先执行循环体语句一次，再判断表达式的值，若为真（非 0）则继续执行循环体语句；直到表达式的值为假（0）时才退出循环。do-while 语句和 while 语句的区别在于 do-while 语句是先执行后判断，因此，do-while 语句循环至少要执行一次循环体语句。而 while 语句是先判断后执行，如果条件不满足，则循环体语句一次也不执行。一般用 while 语句所编写的程序也可以用 do-while 语句来编写。do-while 语句执行流程如图 4-3 所示。

【例 4-3】用 do-while 语句计算从 1 加到 100 的值。

分析：本题求 sum=1+2+3+…+100，循环变量 i 的值从 1 ~ 100 递增，i 的初值为 1，终值为 100，累加器 sum 的初值为 0。

程序的算法流程图如图 4-4 所示。

根据流程图写出的程序如下。

```c
#include <stdio.h>
int main(){
    int i,sum=0;
    i=1;
    do{
        sum=sum+i;
        i++;
    }while(i<=100);
    printf("%d\n",sum);
    return 0;
}
```

程序运行结果：

```
5050
```

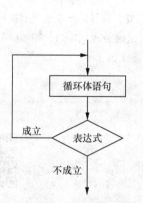

图4-3　do-while语句的流程图

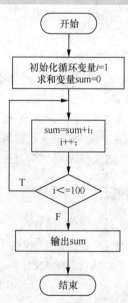

图4-4　例4-3算法流程图

【例 4-4】while 和 do-while 循环比较。

1. while 循环

```c
#include <stdio.h>
int main( ){
    int sum=0,i;
```

```
    scanf("%d",&i);
    while(i<=10){
        sum=sum+i;
        i++;
    }
    printf("sum=%d\n",sum);
    return 0;
}
```

输入 11 时的运行结果：

```
11
sum=0
```

2. do-while 循环

```
#include <stdio.h>
int main( ){
    int sum=0,i;
    scanf("%d",&i);
    do{
        sum=sum+i;
        i++;
    }while(i<=10);
    printf("sum=%d\n",sum);
    return 0;
}
```

当输入 11 时的运行结果：

```
11
sum=11
```

在本例中，当 i=11 时，while 循环先判断条件"i<=10"不成立，循环体一次也没有执行，所以输出 sum=0；而 do-while 循环是先执行循环体"sum=sum+i; i++;"，这时 sum=0+11，即 sum=11，i=12 已经计算好了再判断条件"i<=10"是否成立来决定是否进入下一次循环。

任务实现

步骤 1：启动 Visual C++ 6.0。
步骤 2：新建 C 语言源程序文件（Chapter4-1.c）。
步骤 3：在 C 语言源程序文件中，输入如下代码。

任务实现

```
#include "stdio.h"
int main()
{
    int n,k=1;
    int sum=0;
    float Money=0.0;
```

```
        printf("本次购买了几种图书: ");
        scanf("%d",&n);
        while(n>0)
        {
            float a;
            int b;
            printf("输入第%d种图书的单价: ",k);
            scanf("%f",&a);
            printf("输入第%d种图书的购买数量: ",k);
            scanf("%d",&b);
            sum+=b;
            Money+=a*b;
            n--;
            k++;
        }
        printf("本次购书的图书总数量: %d\t 总价:%.2f\n",sum,Money);
        return 0;
    }
```

步骤4：编译连接。

步骤5：执行，运行结果如下所示。

```
本次购买了几种图书: 3✓
输入第1种图书的单价: 19.8✓
输入第1种图书的购买数量: 4✓
输入第2种图书的单价: 12✓
输入第2种图书的购买数量: 2✓
输入第3种图书的单价: 38✓
输入第3种图书的购买数量: 2✓
本次购书的图书总数量: 8 总价: 179.20
```

任务 4.2 　判断是否结算

+ 学习目标

● 掌握 for 语句的使用方法；
● 理解跳转语句；
● 掌握 break、continue 和 goto 语句的使用方法。

循环结构之 for 语句

+ 任务描述

　　本次任务是判断用户是否进行结算，如用户输入（N 或 n），说明用户还要再购买下一种图书，如用户输入（Y 或 y），则用户结束购书进行结算处理。通过本次任务来讲述 for 语句、跳转语句的使用方法。

+ 相关知识

4.2.1 for 语句

在 C 语言中，for 语句使用最为灵活，它完全可以取代 while 语句。特别适用于循环次数固定而循环条件不确定的情况。它的一般形式为：

```
for(表达式1; 表达式2; 表达式3)
{循环体}
```

（1）表达式 1 通常用来给循环变量赋初值，一般是赋值表达式。也允许在 for 语句之外给循环变量赋初值，此时可省略本表达式。

（2）表达式 2 是循环条件，一般为关系表达式或逻辑表达式，也可以是其他表达式。

（3）表达式 3 通常用来修改循环变量的值。

3 个表达式都是可选项，都可以省略。但特别提醒注意的是，表达式 1 和表达式 2 后的分号不能省略。例如，输出 100 行的图形 "＊＊＊＊＊"。

```
int main()
{
    for(int i=0;i<100;i++)
        printf("* * * * *");
    return 0;
}
```

在这个程序中，i 的初值为 0，由于小于 100，执行 printf() 语句，然后 i 加 1，继续去检验 i 的值，如果它小于 100 时，继续循环。这个过程一直进行到 i=100 为止，并终止循环。在这个例子中，i 是循环控制变量。每次循环时，它的值都改变并进行检验。

for 语句的执行过程如下。

（1）求解表达式 1。

（2）求解表达式 2，若其值为真（非 0），则执行循环体语句，然后执行下面第（3）步；若其值为假（0），则结束循环，转到第（5）步。

（3）求解表达式 3。

（4）转回上面第（2）步继续执行。

（5）循环结束，执行 for 语句下面的语句。

其执行过程如图 4-5 所示。

for 语句最简单的应用形式，也是最容易理解的形式如下。

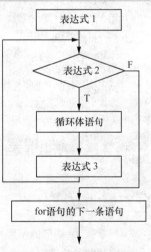

图4-5　for语句流程图

```
for(循环变量赋初值; 循环条件; 循环变量增量)  语句
```

循环变量赋初值总是一个赋值语句，它用来给循环控制变量赋初值；循环条件是一个关系表达式，它决定什么时候退出循环；循环变量增量，定义循环控制变量每循环一次后按什么方式变化。这 3 个部分之间用分号（;）分开。例如：

```
for(i=1; i<=100; i++)
    sum=sum+i;
```

先给 i 赋初值 1，判断 i 是否小于等于 100，若是则执行语句，之后值增加 1。再重新判断，直到条件为假，即 i>100 时，结束循环。相当于：

```
int i=1;
while(i<=100){
    sum=sum+i;
    i++;
}
```

对于 for 循环中语句的一般形式，就是如下的 while 循环形式。

```
表达式 1;
while(表达式 2){
    语句
    表达式 3;
}
```

【例 4-5】用 for 语句计算从 1 加到 100 的结果。

```
#include <stdio.h>
int main(){
    int i,sum=0;
    for(i=1; i<=100 ;i++)
        sum=sum+i;
    printf("%d\n",sum);
    return 0;
}
```

程序运行结果：

```
5050
```

 注意

（1）for 循环中的"表达式 1（循环变量赋初值）""表达式 2（循环条件）"和"表达式 3（循环变量增量）"都是选择项，即可以默认，但分号（;）不能默认。

（2）省略了"表达式 1（循环变量赋初值）"，表示不对循环控制变量赋初值。

（3）省略了"表达式 2（循环条件）"，若不做其他处理时便成为死循环。例如：

```
for(i=1;;i++)
    sum=sum+i;
```

相当于：

```
i=1;
while(1){
    sum=sum+i;
    i++;
}
```

（4）省略了"表达式 3（循环变量增量）"，则不对循环控制变量进行操作，这时可在语句体中加入修改循环控制变量的语句。例如：

```
for(i=1;i<=100;){
    sum=sum+i;
    i++;
}
```

（5）省略了"表达式 1（循环变量赋初值）"和"表达式 3（循环变量增量）"。例如：

```
for(;i<=100;){
    sum=sum+i;
    i++;
}
```

相当于：

```
while(i<=100){
    sum=sum+i;
    i++;
}
```

（6）3 个表达式都可以省略。例如：

```
for(;;)  语句
```

相当于：

```
while(1)  语句
```

（7）表达式 1 可以是设置循环变量的初值的赋值表达式，也可以是其他表达式。例如：

```
for(sum=0;i<=100;i++)
    sum=sum+i;
```

（8）表达式 1 和表达式 3 可以是一个简单表达式，也可以是逗号表达式。

```
for(sum=0,i=1;i<=100;i++)
    sum=sum+i;
```

或：

```
for(i=0,j=100;i<=100;i++,j--)
    k=i+j;
```

（9）表达式 2 一般是关系表达式或逻辑表达式，但也可以是数值表达式或字符表达式，只要其值非零，就执行循环体。例如：

```
for(i=0;(c=getchar())!='\n';i+=c);
```

又如：

```
for(;(c=getchar())!='\n';)
    printf("%c",c);
```

【例 4-6】编写程序，在屏幕上输出阶梯形式的乘法口诀。

分析：乘法口诀可以用 9 行 9 列来表示，其中第 i 行有 i 列。利用循环嵌套，其算法流程图如图 4-6 所示。

根据流程图写出的程序如下。

```
#include <stdio.h>
int main( ){
    int i, j;
    for(i=1; i<=9; i++)
    {
        for(j=1; j<=i; j++)
        printf("%d*%d=%d\t",j,i,i*j);
```

```
        printf("\n");
    }
    return 0;
}
```

程序运行结果：

```
1*1=1
1*2=2    2*2=4
1*3=3    2*3=6    3*3=9
1*4=4    2*4=8    3*4=12   4*4=16
1*5=5    2*5=10   3*5=15   4*5=20   5*5=25
1*6=6    2*6=12   3*6=18   4*6=24   5*6=30   6*6=36
1*7=7    2*7=14   3*7=21   4*7=28   5*7=35   6*7=42   7*7=49
1*8=8    2*8=16   3*8=24   4*8=32   5*8=40   6*8=48   7*8=56   8*8=64
1*9=9    2*9=18   3*9=27   4*9=36   5*9=45   6*9=54   7*9=63   8*9=72   9*9=81
```

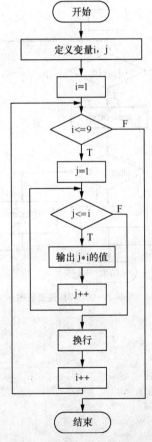

图4-6　例4-6算法流程图

4.2.2　跳转语句

break 和 continue 语句都可以用在循环中，用来跳出循环（结束循环）。break 语句还可以用在 switch 语句中，用来跳出 switch 语句。多层嵌套退出时，可以使用 goto 语句。

1. break 语句

break 语句通常用在循环语句和 switch 语句中。当 break 用于 switch 语句中时，可使程序跳出 switch 语句而执行其后的语句；如果没有 break 语句，则继续执行下一个 case 分支中的语句序列。

当 break 语句用于 do-while、for、while 循环语句中时，可使程序终止循环而执行循环后面的语句，通常 break 语句总是与 if 语句关联在一起，即满足条件时跳出循环。

【例 4-7】计算半径 r=1 到 r=10 时的圆面积，直到面积 area 大于 100 为止。

分析：计算圆面积的公式为：πr^2 依次取半径 1，2，3…，循环计算圆的面积 area，当 area>100 时结束，算法流程图如图 4-7 所示。

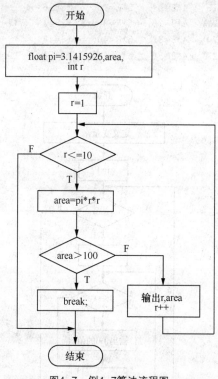

图4-7 例4-7算法流程图

```c
#include "stdio.h"
int main(){
    float pi=3.14159f, area;
    int r;
    for(r=1;r<=10;r++){
        area=pi*r*r;
        if(area>100)
            break;
        printf("r=%d,area=%f\n",r,area);
    }
    return 0;
}
```

程序运行结果：

```
r=1,area=3.141590
r=2,area=12.566360
r=3,area=28.274311
r=4,area=50.265442
r=5,area=78.539749
```

本例中，程序的作用是计算 r=1 到 r=10 时的圆面积，直到面积 area 大于 100 为止。从上面的 for 循环可以看到：当 area>100 时，执行 break 语句，提前结束循环，即不再继续执行其余的几次循环。

 说明

（1）break 语句对 if-else 的条件语句不起作用；

（2）在多层循环中，一个 break 语句只向外跳一层。

2. continue 语句

continue 语句的作用是跳过循环体中剩余的语句而强行执行下一次循环。continue 语句只用在 for、while 和 do-while 等循环体中，常与 if 条件语句一起使用，用来加速循环。

对比一下 break 语句和 continue 语句。

break 语句的用法如下。

```
while(表达式 1){
    ……
    if(表达式 2)  break;
    ……
}
```

continue 语句的用法如下。

```
while(表达式 1){
    ……
    if(表达式 2)  continue;
    ……
}
```

【例 4-8】把 100～200 的不能被 3 整除的数输出。

分析：输出不能被 3 整除的数，也就意味着，如果某数除以 3 的余数不等于 0，则输出该数；如果除以 3 的余数等于 0，则不输出该数。这个问题的算法流程图，如图 4-7 所示。

根据流程图写出的程序如下。

```
#include <stdio.h>
int main(){
    int n;
    for (n=100;n<=200;n++){
        if (n%3==0)
          continue;
        printf("%d  ",n);
    }
    return 0;
}
```

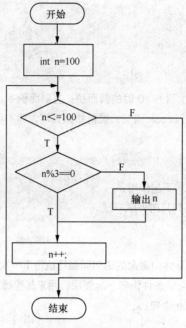

图4-8 例4-8算法流程图

程序运行结果：

```
100 101 103 104 106 107 109 110 112
115 116 118 119 121 122 124 125 127
130 131 133 134 136 137 139 140 142
145 146 148 149 151 152 154 155 157
160 161 163 164 166 167 169 170 172
175 176 178 179 181 182 184 185 187
190 191 193 194 196 197 199 200
```

本例中，当 n 能被 3 整除时，执行 continue 语句，结束本次循环（即跳过 printf 函数语句），只有 n 不能被 3 整除时才执行 printf()函数。

3. goto 语句

goto 语句是一种无条件转移语句，其使用格式为：

```
goto 语句标号;
```

标号是一个有效的标识符，这个标识符加上一个 ":" 一起出现在函数内某处，执行 goto 语句后，程序将跳转到该标号处并执行其后的语句。

标号必须与 goto 语句同处于一个函数中，但可以不在一个循环层中。通常 goto 语句与 if 条件语句连用，当满足某一条件时，程序跳到标号处运行。

【例 4-9】用 goto 语句和 if 语句构成循环求 1+2+3+…+100 的和。

```c
#include <stdio.h>
int main(){
    int i,sum=0;
    i=1;
    loop: if(i<=100)
    {
```

```
        sum=sum+i;
        i++;
        goto loop;
    }
    printf("%d\n",sum);
    return 0;
}
```

程序运行结果：

```
5050
```

在本例中，当满足"i<=100"时，执行花括弧内的循环体。"sum=sum+i;"等价于"sum+=i;"，用于实现累加的功能。在进入下一次循环之前使用"i++"来增加变量的值，促使循环一步步接近于结束。

goto 语句通常不用，主要因为它使程序层次不清，且不易读，但在多层嵌套退出时，用 goto 语句则比较合理。

任务实现

步骤 1：启动 Visual C++ 6.0。
步骤 2：新建 C 语言源程序文件（Chapter4-2.c）。
步骤 3：在 C 语言源程序文件中，输入如下代码。

```
#include "stdio.h"
int main()
{
    char c;
    float money=0.0;
    for(;;)
    {
        printf("请输入是否进行结算(Y 或 y 表示进行结算,N 或 n 表示继续购书):\n");
        scanf("%c",&c);
        getchar();
        if(c=='Y' || c=='y')
        {
            break;
        }
        else if(c=='N' || c=='n')
        {
            float price;
            int num;
            printf("输入图书的单价: ");
            scanf("%f",&price);
            getchar();
            printf("输入图书的购买数量: ");
            scanf("%d",&num);
            getchar();
            if(price<=0.0 || num<0)
            {
                printf("输入错误，请重输入\n");
```

```
                continue;
            }
            money+=price*num;
        }
    }
    printf("本次购书的图书总价:%.2f\n",money);
    return 0;
}
```

步骤 4：编译连接。

步骤 5：执行，运行结果如下所示。

```
请输入是否进行结算(Y 或 y 表示进行结算,N 或 n 表示继续购书):
n✓
输入图书的单价: 32.0✓
输入图书的购买数量: 2✓
请输入是否进行结算(Y 或 y 表示进行结算,N 或 n 表示继续购书):
n✓
输入图书的单价: -23.0✓
输入图书的购买数量: 4✓
输入错误, 请重输入
请输入是否进行结算(Y 或 y 表示进行结算,N 或 n 表示继续购书):
N✓
输入图书的单价: 25.0✓
输入图书的购买数量: 4✓
请输入是否进行结算(Y 或 y 表示进行结算,N 或 n 表示继续购书):
Y✓
本次购书的图书总价:164.00
```

项目实战——图书超市收银系统菜单之间关联

收银系统的菜单设计。项目 3 中已经实现根据用户选择来输出相应的子菜单，在实际的应用过程中通常需要重复输出各子菜单的功能，由用户确定什么时候返回主菜单、什么时候退出程序。

图4-9　子菜单设计

本任务学习目的如下。

（1）通过本案例的操作可以实现循环输出各子菜单，由用户自己确定其要进行的操作。

（2）学习 for 语句的使用方法。

（3）掌握 break 语句的使用方法。

（4）学习 goto 语句的使用方法。

实现步骤：

（1）打开环境，创建应用程序项目，结构如图 4-6 所示。

（2）添加程序代码如下。

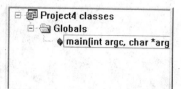

图4-10 项目结构

```c
#include "stdio.h"
#include "stdlib.h"
int main()
{
    char ch,ch1,ch2,ch3;
    for(;;)
    {
        printf("图书超市管理系统 v1.0\n");
        printf("1.图书基本信息管理\n");
        printf("2.购书结算处理\n");
        printf("3.售书历史记录\n");
        printf("0.退出系统\n");
        printf("\n 请输入您要进行的操作:");
        scanf("%c",&ch);
        switch(ch)
        {
            case '1':
            {
                for(;;)
                //语句 for(;;)是一个无限循环语句，中间由 if 语句确定何时退出。
                {
                    system("cls");
                    printf("图书基本信息管理\n");
                    printf("1.增加图书\n");
                    printf("2.删除图书\n");
                    printf("3.修改图书\n");
                    printf("4.查找图书\n");
                    printf("5.一览图书\n");
                    printf("0.返回首页\n");
                    printf("\n 请输入您要进行的操作:");
                    scanf("%c",&ch1);
                    if(ch1=='0')
                        break;
                }
            break;
            }
            case '2':
            {
                for(;;){
                    system("cls");
                    printf("购书结算处理\n");
                    printf("1.会员登录\n");
```

```
                    printf("2.非会员进入\n");
                    printf("0.返回\n");
                    printf("\n请输入您要进行的操作:");
                    scanf("%c",&ch2);
                    if(ch2=='0')
                        break;
                }
                break;
            }
            case '3':
            {
                for(;;){
                    system("cls");
                    printf("1.售书历史记录\n");
                    printf("0.返回\n");
                    printf("\n请输入您要进行的操作:");
                    scanf("%c",&ch3);
                    if(ch3=='0')
                        break;
                }
                break;
            }
            case '0':
            {   //goto 语句实现跳转到"end"标号指定的位置执行
                goto end;
            }
        }
        system("cls");
    }
    end: system("cls");
    printf("感谢您使用本软件,该软件为教学版本功能尚不完善。\n");
    return 0;
}
```

项目小结

本项目介绍了 3 种循环语句,他们之间的关系如下。

（1）3 种循环都可以用来处理同一个问题,一般可以互相代替。

（2）while 语句和 do-while 语句循环的循环体中应包括使循环趋于结束的语句。

（3）for 语句功能最强,也最常用,可以代替其他循环。

（4）对循环变量赋初值,while 语句和 do-while 语句一般是在进入循环结构之前完成,而 for 语句一般是在循环语句表达式 1 中实现变量的赋值。

（5）while 语句和 for 语句都是先测试循环控制表达式,后执行循环语句;do-while 语句则是先行循环语句,后测试循环控制表达式。

（6）3 种循环语句都可以用 break 语句跳出循环,用 continue 语句结束本次循环。

习题四

一、选择题

1. 以下程序的输出结果是（　　）。

```
int main(){
    int n=4;
    while(n--)
    printf("%d",--n);
    return 0;
}
```

A. 20 　　　　　　B. 31 　　　　　　C. 321 　　　　　　D. 210

2. 当执行以下程序段时，（　　）。

```
int x=-1;
do
{x=x*x;}while(!x)
```

A. 循环体将执行一次 　　　　　　　　B. 循环体将执行两次

C. 循环体将执行无数次 　　　　　　　D. 系统将提示有语法错误

3. 下列程序段执行后，变量 x 的值是（　　）。

```
for(x=2;x<10;x+=3);
```

A. 2 　　　　　　B. 9 　　　　　　C. 10 　　　　　　D. 11

4. 设 i，j 均为 int 类型的变量，则以下程序段中执行完成后，打印出的"OK"数是多少？（　　）。

```
for (i=5;i>0;--i){
for(j=0;j<4;j++){
printf("%s","OK");} }
```

A. 20 　　　　　　B. 24 　　　　　　C. 25 　　　　　　D. 30

5. 若有 int i;，下列与"for（i=0;i<10;i++）printf("%d",i);"的输出结果相同的循环语句(不定项选择)是（　　）。

A. for(i=0;i<10;i++,printf("%d",i)); 　　　　B. for(i=0;i<10;printf("%d",i++));

C. for(i=0;i<10; printf("%d",i),i++); 　　　　D. for(i=0;i<10; printf("%d",++i));

E. for(i=0;i<10; ++i)printf("%d",i);

二、填空题

1. 设有定义 int n=1, s=0;，则执行语句 while(s=s+n,n++,n<=10);后，变量 s 的值为＿＿＿＿。

2. 有以下程序段：

```
int k=0;
while(k=1)
k++;
```

while 循环将执行的次数是＿＿＿＿。

3. 如下程序段的输出结果是＿＿＿＿。

```
int i=0,sum=i;
```

```
do{
    sum+=i++;
}while(i<6);
printf("%d\n",sum);
```

4. 下列程序的运行结果是_____。

```
int main(){
    int n,i,j;
    n=6;
    for(i=1;i<=n;i++){
        for(j=1;j<=20-j;j++)
            printf(" ");
        for(j=1;j<=2*i-1;j++)
            if((j==1)||(j==2*j-1)||(i==4))    printf("*");
            else printf(" ");
        printf("\n");  }
    return 0;}
```

5. 以下程序的运行结果为_____。

```
int main() {
    int i;
    for(i=1;i<=5;i++){
        if(i%2)
            printf("*");
        else
            continue;
        printf("#"); }
    printf("¥\n");
    return 0;}
```

三、编程题

1. 输出所有的水仙花数。

2. 判断 n 是否为素数。

3. 输入两个正整数 m、n，求其最大公约数和最小公倍数。

4. 猴子分桃。

海滩上有一堆桃子，五只猴子来分。第一只猴子把这堆桃子平均分为五份，多了一个，这只猴子把多的一个扔入海中，拿走了一份。第二只猴子把剩下的桃子又平均分成五份，又多了一个，它同样把多的一个扔入海中，拿走了一份，第三、第四、第五只猴子都是这样做的，问海滩上原来最少有多少个桃子？

5. 编写程序，分别统计字符串中大写字母和小写字母的个数。例如，给字符串 s 输入：AAaaBBbb123CCcccd，则应输出：大写字母=6，小写字母=8（输入字符时碰到回车符表示输入结束）。

6. 编写程序，计算如下公式的值，$t = 1 - \dfrac{1}{2 \times 2} - \dfrac{1}{3 \times 3} - ... - \dfrac{1}{m \times m}$。例如，若m中的值为5，则应输出 0.536389.

7. 编写程序，用下面的公式求π的近似值，直到最后一项的绝对值小于 0.0001 为止。

$\dfrac{\pi}{4} = 1 - \dfrac{1}{3} + \dfrac{1}{5} - \dfrac{1}{7} + ...$，则程序输出π为 3.1414。

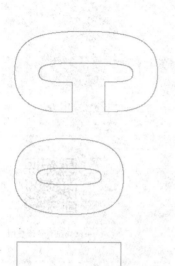

Chapter

5

项目 5
使用构造类型新增图书

图书信息显示与查找是图书超市收银系统中操作员进行图书信息管理的重要功能，本项目通过图书价格排序、图书名称排序、图书信息描述 3 个任务让读者理解一维数组、二维数组、字符数组以及结构体的运用，通过实现图书信息的添加、浏览和查找帮助读者强化对知识的理解，提高读者综合项目的实战能力。

任务 5.1　图书价格排序

学习目标

- 理解数组的概念；
- 掌握一维数组、二维数组的定义和初始化方法；
- 掌握数组元素的引用方式；
- 掌握排序方法。

一维数组与多维数组

任务描述

在实际应用中，为了方便用户从杂乱无序的信息中快速查找到相应信息，往往需要对这些信息按照一定的规则排序。图书价格排序是根据输入的多本图书的价格，按照升序进行排序，显示出排序后的图书价格信息。

相关知识

5.1.1　数组

前面介绍的数据都是基本数据类型，如整型、字符型和浮点型等。存放这些简单类型数据的变量称为简单变量。每个变量有一个单独的名字，系统给它们分配一个存储单元，通过变量名来实现数据的存取。

然而，在实际应用中往往需要处理同一性质的成批数据，为了处理方便，把具有相同类型的若干变量按有序的形式组织起来，这些按序排列的同类数据元素的集合称为数组。数组本身并不是一种数据类型，而是一种其他类型的构造类型。

所谓数组，就是一组类型相同的变量，它用一个数组名标识，每个数组可以分解成多个数组元素，这些数组元素可以是基本数据类型或是构造类型，每个数组元素可以通过数组名和元素的相对位置（即下标）来引用。

5.1.2　一维数组

1. 定义一维数组

C 语言支持一维数组和多维数组。如果一个数组的所有元素都不是数组，那么该数组称为一维数组。

在 C 语言中使用数组必须先进行定义。一维数组的定义方式为：

```
类型说明符 数组名[常量表达式];
```

其中，类型说明符是任意一种基本数据类型或构造数据类型。数组名是用户定义的数组标识符。方括号中的常量表达式表示数据元素的个数，也称为数组的长度。例如：

```
    int a[10]; /* 说明整型数组 a，其中 a 表示数组的名称，方括号中的 10 表明数组一共有 10 个元素，类型名
int 限定数组 a 的每个元素中只能存放整型数据 */
    float b[10],c[20]; /* 说明实型数组 b 有 10 个元素，实型数组 c 有 20 个元素 */
    char ch[20]; /* 说明字符数组 ch 有 20 个元素 */
```

说 明

（1）数组的类型实际上是指数组元素的取值类型。对于同一个数组，其所有元素的数据类型都是相同的。

（2）数组名的书写规则应符合标识符的书写规定。

（3）数组名不能与其他变量名相同。

（4）不能在方括号中用变量来表示元素的个数，但是可以是符号常数或常量表达式。

（5）允许在同一个类型说明中，说明多个数组和多个变量。

例如：

```
int a;
float a[10];
```

是错误的。

```
#define N 5
// ...
int a[1+4],b[N];
```

是合法的。

```
int n=5;
int a[n];
```

是错误的。

2. 一维数组元素的引用

数组元素是组成数组的基本单元。数组元素也是一种变量，其表示方法是数组名后跟一个下标。下标表示了元素在数组中的顺序号。数组元素的一般形式为：

```
数组名[下标]
```

其中，下标只能为整型常量或整型表达式。

 说 明

（1）下标表示数组中元素和数组中最开头元素之间的相对位置，最小值为 0，最大值为数组中的元素个数减去 1。

（2）下标可以是常量，也可以是在取值范围之间的有固定值的变量。如果为小数时，C 编译将自动取整。

例如：

```
a[5]
a[i+j]
a[i++]
```

都是合法的数组元素。

必须先定义数组，才能使用下标变量。在 C 语言中只能逐个地使用下标变量，而不能一次引用整个数组。例如，输出有 10 个元素的数组必须使用循环语句逐个输出各下标变量。

```
for(i=0;i<10;i++)
  printf("%d",a[i]);
```

而不能用一个语句输出整个数组。因此，下面的写法是错误的。

```
printf("%d",a);
```

【例 5-1】使用 for 循环为一个数组赋值，并将数组倒序输出。

程序的算法流程图如图 5-1 所示。

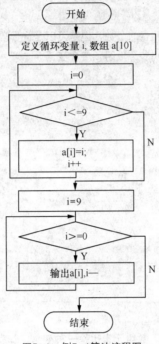

图5-1　例5-1算法流程图

根据流程图写出的程序如下。

```
#include <stdio.h>
int main()
{
    int i,a[10];
    for(i=0;i<=9;i++)
        a[i]=i;
    for(i=9;i>=0;i--)
        printf("%d ",a[i]);
    return 0;
}
```

程序运行结果：

```
9 8 7 6 5 4 3 2 1 0
```

【例 5-2】用一维数组来处理斐波那契数列，存储并输出斐波那契数列的前 20 项。

程序的算法流程图如图 5-2 所示。

根据流程图写出的程序如下。

```
#include <stdio.h>
int main()
{
```

```
    int i;
    long f[20];                    /*定义整型数组 f，20 个元素用来存放斐波那契数列的前 20 项*/
    f[0]=1;f[1]=1;                  /*对斐波那契数列中的前 2 项赋初值*/
    for(i=2;i<20;i++)
        f[i]=f[i-1]+f[i-2];        /*计算斐波那契数列的每一项*/
    for(i=1;i<21;i++)
    {
        printf("%10d",f[i-1]);
        if(i%5==0)
            printf("\n");          /*每输出 5 项，换行输出 */
    }
    return 0;
}
```

程序运行结果：

1	1	2	3	5
8	13	21	34	55
89	144	233	377	610
987	1597	2584	4181	6765

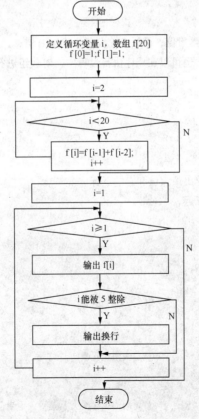

图5-2 例5-2算法流程图

3. 一维数组的初始化

除了用赋值语句对数组元素逐个赋值外，还可以采用初始化赋值和动态赋值的方法。数组初始化赋值是指在数组定义时给数组元素赋予初值。数组初始化是在编译阶段进行的。这样能减少运行时间，提高效率。

一维数组初始化赋值的一般形式为：

> 数组类型　数组名[常量表达式]={值,值,…,值 }；

其中，在{}中的各数据值即为各元素的初值，各值之间用逗号分隔。

```
int a[5]={1,2,3,4,5};
```

这样，数组 a 中的元素 a[0]=1，a[1]=2，a[2]=3，a[3]=4，a[4]=5，a 中 5 个元素全部赋初值，则在数组说明中，可以不给出数组元素的个数。

可写为：

```
int a[]={1,2,3,4,5};
```

 说明

（1）可以只给部分元素赋初值。当{ }中值的个数少于元素个数时，只给前面部分元素赋值。
（2）只能给元素逐个赋值，不能给数组整体赋值。

例如：

```
int a[5]={1,2,3};
```

这表示只给 a[0]～a[2]3 个元素赋值，而后 2 个元素自动赋 0 值。

除了定义数组时同时初始化，也可以在程序执行过程中，对数组进行动态赋值。这时可用循环语句配合 scanf()函数逐个对数组元素赋值。

例如：

```
int i,a[5];
for(i=0;i<5;i++)
    scanf("%d",&a[i]);
```

【例 5-3】输入 10 个数字，求出最大值和它的下标。

程序的算法流程图如图 5-3 所示。

根据流程图写出的程序如下。

```
#include <stdio.h>
int main()
{
    int i,max,a[10],p=0;
    printf("input 10 numbers:\n");
    for(i=0;i<10;i++)
    scanf("%d",&a[i]);                /*数组 a 中输入元素*/
    max=a[0];                         /*最大值元素赋初值*/
    for(i=1;i<10;i++)
    {
        if(a[i]>max)                  /*访问的第 i 个元素是否大于当前最大值*/
        {
            max=a[i];
            p=i;
        }
```

```
    }
    printf("maxmum=%d,index=%d\n",max,p);
    return 0;
}
```

程序运行结果:

```
input 10 numbers:
23 45 -2 0 9 13 4 65 10 3✓
maxnum=65,index=7
```

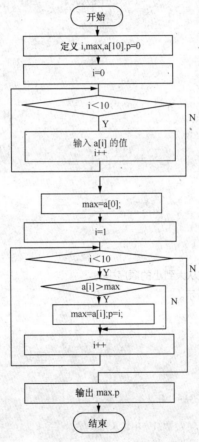

图5-3 例5-3算法流程图

【例 5-4】输入 10 个数字, 采用交换法逆序存储。

分析: 将一个数组逆序转换, 假如数组存放为 1, 2, 3, 4, 5, 6, 7, 8, 9, 10 变为 10, 9, 8, 7, 6, 5, 4, 3, 2, 1。对于某一个元素 a[i], 则前面已有 i 个元素, 与它交换的元素 a[k]应该满足与 a[k]后面也有 i 个元素, 则这个元素的下标 k 为: $n-1-i$, 即下标 i 要与下标 $n-i-1$ 交换, 如图 5-4 所示。

图5-4 元素的交换

也就是说，10 个数字的话，两两交换需要交换 5 次，那么 N 个数据，需要交换 N/2 次。利用循环实现数组中元素的交换。

```c
#include <stdio.h>
#define N 10
int main()
{
    int i,temp,a[N];
    printf("input 10 numbers:\n");
    for(i=0;i<N;i++)
      scanf("%d",&a[i]);          /*数组 a 中输入元素*/
    for(i=0;i<N/2;i++)            /*元素交换*/
    {
        temp=a[i];
        a[i]=a[N-i-1];
        a[N-i-1]=temp;
    }
    printf("Inverted sequence is:\n");
    for(i=0;i<N;i++)
        printf("%4d",a[i]);
    return 0;
}
```

程序运行结果：

```
input 10 numbers:
1 2 3 4 5 6 7 8 9 10✓
Inverted sequence is:
10 9 8 7 6 5 4 3 2 1
```

【例 5-5】输入 10 个数字并按从大到小的顺序排列。

程序的算法流程图如图 5-5 所示。

根据流程图写出的程序如下。

```c
#include <stdio.h>
int main()
{
    int i,j,p,s,a[10];
    printf("input 10 numbers:\n");
    for(i=0;i<10;i++)
       scanf("%d",&a[i]);   /*数组 a 中输入元素*/
    printf("Inverted sequence is:\n");
    for(i=0;i<9;i++)          /*采用逐个比较的方法进行排序*/
    {
      p=i;                    /*在 i 次循环时，把第一个元素的下标 i 赋予 p，把变量值 a[i]赋予 q*/
      for(j=i+1;j<10;j++)  /*从 a[i+1]起到最后一个元素止逐个与 a[i]进行比较*/
           if(a[p]<a[j])    /*有比 a[i]大者则将其下标赋值给 p，元素值赋值给 q*/
               p=j;
      if(i!=p)/*i≠p，p 值均不是进入第二层循环之前所赋之值，则交换 a[i]和 a[p]之值*/
      {
       s=a[i];
       a[i]=a[p];
       a[p]=s;
      }
    }
```

```
    for(i=0;i<10;i++)
        printf("%5d",a[i]);
    printf("\n");
    return 0;
}
```

程序运行结果:

```
input 10 numbers:
23 90 -45 0 5 124 -3 34 87 100✓
Inverted sequence is:
124 100 90  87  34  23   5   0  -3   -45
```

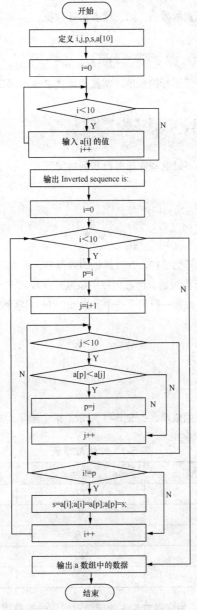

图5-5 例5-5算法流程图

通过上面的程序可以看出，数组的最大优点就是：下标可以是变量甚至是表达式，从而给访问和操作一组变量带来了极大的方便。

5.1.3 二维数组

一维数组是若干个同一类型有序变量的集合，由一个数组名来描述。但在实际问题中有很多数据是二维的或多维的（如二维表格等），因此 C 语言允许构造多维数组。多维数组元素有多个下标，以表示它在数组中的位置，所以也称为多下标变量。与一维数组不同，虽然一维数组能表示所有的数据，但不能表示出数据之间的分组关系，而二维数组可以表示数据间的二维表的关系。

1. 二维数组的定义

二维数组通常用于存放矩阵形式的数据，如二维表格等数据。

定义二维数组的形式：

类型说明符 数组名[常量表达式1] [常量表达式2]

其中，常量表达式 1 表示第一维下标的长度，常量表达式 2 表示第二维下标的长度。

例如：

```
int a[3][4];  /*3×4 的矩阵，共 12 个元素*/
float f[5][10];
```

二维数组和一维数组相似，只不过这些变量有行和列的排列。

如 int a[3][4]的排列如下：

```
a[0][0]    a[0][1]  a[0][2]  a[0][3]
a[1][0]    a[1][1]  a[1][2]  a[1][3]
a[2][0]    a[2][1]  a[2][2]  a[2][3]
```

以上是便于理解和引用的逻辑排列结构，在计算机的内存中，因为不同系统其物理存储结构会不同。在 C 语言中，二维数组是按行排列的。即在内存中按顺序存放 a[0]行，再存放 a[1]行，最后存放 a[2]行。每行中的元素也是依次存放。如第一行最后一个元素 a[0][N−1]紧邻第二行第一个元素 a[1][0]。

2. 引用二维数组的元素

二维数组的元素表示的形式为：

数组名[下标] [下标]

【例 5-6】学生成绩处理。

假设第一小组 5 个学生 3 门课的成绩，如表 5-1 所示，求全组平均成绩以及各门课的平均成绩。

表 5-1   学生成绩表

学生	英语	数学	C 语言
Stu1	80	77	76
Stu2	61	35	67
Stu3	56	75	70
Stu4	89	90	85
Stu5	85	67	73

分析：设定数组 a，5 行 3 列，用来存放学生的成绩；设定一维数组 v，长度为 3，用来存放每门课的

总成绩。

程序的算法流程图如图 5-6 所示。

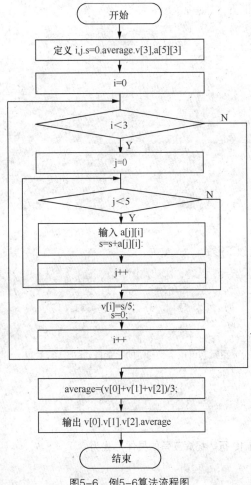

图5-6 例5-6算法流程图

根据流程图写出的程序如下。

```c
#include <stdio.h>
int main()
{
    int i,j,s=0,average,v[3],a[5][3];
    printf("input score:\n");
    for(i=0;i<3;i++)
    {
        for(j=0;j<5;j++)
        {
            scanf("%d",&a[j][i]);      /*输入学生的成绩*/
            s=s+a[j][i];               /*累加求出每一列上的所有元素之和*/
        }
        v[i]=s/5;                      /*每门课的平均成绩*/
        s=0;
```

```
    }
    average=(v[0]+v[1]+v[2])/3;  /*数组 v 中所有元素的平均值赋值给 average*/
    printf("English languag:%d\nMath:%d\nc languag:%d\n",v[0],v[1],v[2]);
    printf("total:%d\n", average );
    return 0;
}
```

程序运行结果：

```
input score:
56 78 92 23 89✓
59 78 98 68 45✓
75 80 78 90 67✓
English languag:67
Math:69
c languag:78
total:71
```

3. 二维数组的初始化

二维数组的初始化可以有以下形式。

```
int a[3][4]={1, 2, 3, 4, 5, 6, 7, 8, 9, 10, 11, 12};          /*完全初始化*/
int a[ ][4]={1, 2, 3, 4, 5, 6, 7, 8, 9, 10, 11, 12};          /*省略行的完全初始化*/
int a[3][4]={{1, 2, 3, 4}, {5, 6, 7, 8}, {9, 10, 11, 12}};
/*分行完全初始化, 可读性较好*/
int a[3][4]={{1},{2},{3}};
/*部分初始化, 可以只对部分元素赋初值, 未赋初值的元素自动取 0 值, 数组 a 中各元素的值为: */
1 0 0 0
2 0 0 0
3 0 0 0
```

【例 5-7】打印杨辉三角。

存储并打印杨辉三角的前 10 行。杨辉三角的具体形式为：

```
        1
        1    1
        1    2    1
        1    3    3    1
        1    4    6    4    1
```

分析：杨辉三角的特点如下。

（1）第 0 列和对角线上的元素都为 1。

（2）除第 0 列和对角线上的元素以外，其他元素的值均为前一行上同列元素和前一列元素之和。

```
#include <stdio.h>
int main()
{
    int s[10][10];
    int i,j,k;
    for(i=0;i<10;i++)/*为数组中的对角线和第 0 列元素赋值*/
    {
        s[i][i]=1;
```

```
        s[i][0]=1;
    }
    for(i=2;i<10;i++)/*为其他元素赋值*/
        for(j=1;j<i;j++)
        s[i][j]=s[i-1][j-1]+s[i-1][j];
    for(i=0;i<10;i++)
    {
        for(j=0;j<=i;j++)
            printf("%4d",s[i][j]);
        printf("\n");
    }
    return 0;
}
```

程序运行结果：

```
1
1   1
1   2   1
1   3   3   1
1   4   6   4   1
1   5   10  10  5   1
1   6   15  20  15  6   1
1   7   21  35  35  21  7   1
1   8   28  56  70  56  28  8   1
1   9   36  84  126 126 84  36  9   1
```

【例 5-8】找出二维数组元素的最值，有一个 3×4 的矩阵，求出每行的最小值及每列的最小值。

分析：设定数组 a，3 行 4 列，由于共有 3 行，故有 3 个行最小值，可以设定一个长度为 3 的一维数组来保存每一行的最小值。同理，可以设定一个长度为 4 的一维数组来保存每一列的最小值。

```
#include <stdio.h>
int main()
{
    int a[3][4],b[3],c[4],i,j;
    for(i=0;i<3;i++)
        for(j=0;j<4;j++)
            scanf("%d",&a[i][j]);      /*向数组 a 中输入数据*/
    for(i=0;i<3;i++)                   /*判断行，求出每行最小值，存在数组 b 中*/
    {
        b[i]=a[i][0];
        for(j=1;j<4;j++)
            if(a[i][j]<b[i])
                b[i]=a[i][j];
    }
    for(j=0;j<4;j++)                   /*判断列，求出每列最小值，存在数组 c 中*/
    {
        c[j]=a[0][j];
        for(i=1;i<3;i++)
            if(a[i][j]<c[j])
                c[j]=a[i][j];
    }
```

```
    for(i=0;i<3;i++)
     {
        printf("%d",b[i]);
     }
    printf("\n");
    for(j=0;j<4;j++)
     {
      printf("%d",c[j]);
     }
    printf("\n");
    return 0;
}
```

程序运行结果：

```
56  67  98  23↙
67  89  90  12↙
78  90  23  67↙
23  12  23
56  67  23  12
```

任务实现

步骤 1：启动 Visual C++ 6.0。

步骤 2：新建 C 语言源程序文件（Chapter5-1.c）。

步骤 3：在 C 语言源程序文件中，输入如下代码。

任务实现

```c
#include <stdio.h>
int main()
{
    int i,j;
    float a[10];
    for(i=0;i<10;i++)
    {
        printf("输入第%d种书的价格：",i+1);
        scanf("%f",&a[i]);
    }
    for(i=0;i<10-1;i++)
    {
        for(j=i+1;j<10;j++)
        {
            if(a[i]>a[j])
            {
                float t=a[i];
                a[i]=a[j];
                a[j]=t;
            }
        }
```

```
    }
    printf("排序后的价格为：\n");
    for(i=0;i<10;i++)
    {
        printf("%.2f\n",a[i]);
    }
    return 0;
}
```

步骤 4：编译连接。

步骤 5：执行，运行结果如下所示。

输入第 1 种书的价格：32
输入第 2 种书的价格：56
输入第 3 种书的价格：90
输入第 4 种书的价格：23
输入第 5 种书的价格：65
输入第 6 种书的价格：89
输入第 7 种书的价格：9
输入第 8 种书的价格：13
输入第 9 种书的价格：36
输入第 10 种书的价格：22
排序后的价格为：
9.00
13.00
22.00
23.00
32.00
36.00
52.00
65.00
89.00
90.00

任务 5.2　图书名称排序

学习目标

● 掌握字符数组的定义、初始化方法；
● 掌握字符数组的输入输出方式；
● 掌握字符串函数的运用。

字符数组

任务描述

　　我们在小学都使用过汉语字典，字典中所有的字都是按照顺序排列的，目的是方便用户查找。图书名称排序可以实现对多本图书按照图书名称在字母表里的先后顺序进行排列，并可以输出排序后的图书名称信息。

相关知识

5.2.1 字符数组

字符数组可以存放多个字符，和普通整数数组相似，可以逐个元素访问字符数组中的常见数据。除此之外，一个字符型数组可以存放一个字符串，可以整体的输入和输出字符串。

1. 字符数组的定义和初始化

字符数组的定义和一般的数组一样，例如：

```
char s[10];
char s[3][10];
```

初始化的方法如下：

```
char s[10]={'H','e','l','l','o','','C','+','+','!'};/*定义时完全初始化*/
char s[]={'H','e','l','l','o','','C','+','+','!'};/*定义时省略长度的完全初始化*/
char s[10]={'H','e','l','l','o'};;/*不完全初始化，未赋值的元素系统自动赋予空值*/
char s[11]={"Hello C++!"};    /*字符串形式的初始化*/
char s[11]="Hello C++!";    /*省略花括号的字符串形式的初始化*/
```

用双引号进行的字符串形式初始化和普通字符数组的初始化不同的是：在串的尾部自动添加了一个结束符'\0'，其 ASCII 值为 0。数组的长度为 11，如果为 10，'\0'将不能存储，字符串将不能正确初始化，其结果将只是一个普通的字符数组。

以下形式也可以初始化一个字符串：

```
char s[11]={'H','e','l','l','o','','C','+','+','!','\0'};
```

有了结束符'\0'，在编译处理和操作字符串的时候，可以此作为串是否结束的标志，定义字符串的时候需要足够的空间去存储最后一个结束符，像以下定义则是错误的：

```
char s[10]="Hello C++!";
```

字符串的长度是不包含'\0'在内的有效字符个数，如果字符串包含多个'\0'，以最前面的为有效结束符。例如，假设有字符串：

```
char s[11]={'H','e','l','l','o','\0','C','+','+','!','\0'};
```

则字符串的有效长度为 5，字符数组的长度仍然为 11。

因此，可以用字符串的方式对数组作初始化赋值，'\0'是由 C 编译系统自动加上的。由于采用了'\0'标志，所以在用字符串赋初值时一般无须指定数组的长度，而由系统自行处理。

例如：

```
char s[ ]="Hello C++!";
```

字符数组和普通数组一样，也是通过下标引用的。

2. 字符数组的输入输出

（1）逐个字符的输入和输出

字符数组的元素与其他类型的数组类似，逐个字符的输入和输出。

【例 5-9】通过键盘输入一个字符串，以 Enter 键结束，并将字符串在屏幕上输出。

分析：处理字符数组和其他数组一样，可以利用循环逐个元素输入，利用 getchar()函数向元素读入数据。

程序的算法流程图如图 5-7 所示。

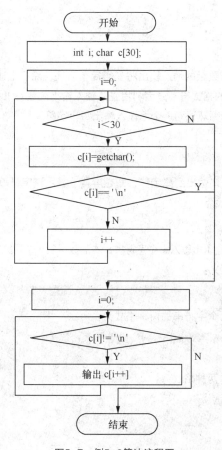

图5-7　例5-9算法流程图

根据流程图写出的程序如下。

```c
#include <stdio.h>
int main()
{
    int i;
    char c[30];
    for(i=0;i<30;i++)
    {
      c[i]=getchar();        /*逐个给数组元素赋值*/
      if(c[i]=='\n')         /*如输入 Enter 则终止循环*/
          break;
    }
    i=0;
    while(c[i]!='\n')        /*逐个输出字符数组的各个元素*/
        printf("%c",c[i++]);
    printf("\n");
    return 0;
}
```

程序运行结果：

```
Hello world!✓
Hello world!
```

（2）整体输入输出

在采用字符串方式后，字符数组的输入输出将变得简单方便。除了上述用字符串赋初值的办法外，还可用 printf() 函数和 scanf() 函数的格式符 s 或者利用整体输入输出函数 gets()/puts() 一次性输入输出一个字符数组中的字符串，而不必使用循环语句逐个地输入输出每个字符。

字符串输出函数 puts() 的格式为：

```
puts(字符数组名)
```

功能：把字符数组中的字符串输出到显示器，即在屏幕上显示该字符串。

字符串输入函数 gets 的格式为：

```
gets (字符数组名)
```

功能：从标准输入设备（键盘）上输入一个字符串，本函数得到一个函数值，即为该字符数组的首地址。

例如，有如下的字符数组定义：

```
char s1[50],s2[50];
```

向字符串 s1 和 s2 中输入两个字符串的两种格式为：

```
scanf("%s%s",s1,s2);
gets(s1);gets(s2);
```

同样输出字符串 s1 和 s2 的两种格式为：

```
printf("s1:%s, s2:%s\n",s1,s2);
puts(s1);puts(s2);
```

 说明

使用 scanf()/printf() 函数可以一次输入或输出多个不含有空格字符的字符串，而使用 gets/puts 函数一次只能输入或输出一个字符串，但是字符串中可以包含空格字符。

【例 5-10】不同字符的统计：用户从键盘输入一个字符串，当输入 Enter 时认为输入结束，统计输入字符串中的小写英文字母、大写英文字母、数字字符和其他字符的个数。

分析：可以声明字符数组 s，用于存放输入的字符串。可以设 4 个变量或设置一个含 4 个元素的整型数组，用于存放输入字符串中的小写英文字母、大写英文字母、数字字符和其他字符的个数。

程序的算法流程图如图 5-8 所示。

根据流程图写出的程序如下。

```
#include <stdio.h>
int main()
{
    int i,count[4]={0,0,0,0};
    char c[100];
    printf("input a string:\n");
    gets(c);/*字符串整体输入*/
    puts(c);
```

```
for(i=0;c[i]!='\0';i++)            /*逐个访问字符串中的元素*/
{
    if(c[i]>='a'&&c[i]<='z')
        count[0]++;                /*判断小写英文字母*/
    else if(c[i]>='A'&&c[i]<='Z')
        count[1]++;                /*判断大写英文字母*/
    else if(c[i]>='0'&&c[i]<='9')
        count[2]++;                /*判断数字字符*/
    else
        count[3]++;                /*判断其他字符*/
}
printf("a~z:%d\nA~Z:%d\n0-9:%d\nothers:%d\n",count[0],count[1],count[2],count[3]);
return 0;
}
```

程序运行结果：

```
input a string:
this is a Program.Hello World! 123.✓
this is a Program.Hello World! 123.
a~z:21
A~Z:3
0-9:3
others:8
```

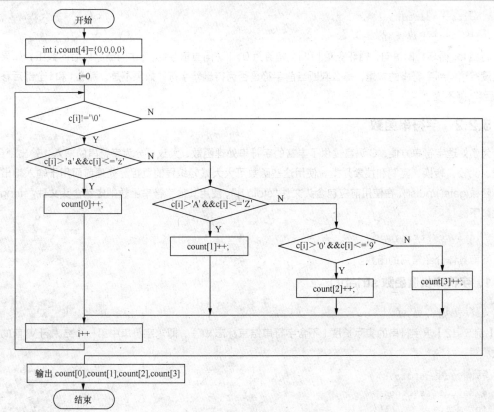

图5-8　例5-10算法流程图

【例 5-11】删除字符串中指定字符，指定一个字符，删除字符串中和该字符相同的字符。

分析：设定字符数组存放字符串，在字符数组中完成指定字符的删除功能。首先输入待删除的字符，设定两个下标访问数组，第一个下标表示删除以后的字符数组中含有的字符，第二个下标则访问当前字符数组。如果当前字符不是待删除字符，两个下标同时后移，否则只有第二个下标后移，整个过程通过循环设计实现。

```
#include<stdio.h>
int main()
{
    char st[]="I love C language";
    int i,j;
    char c;
    printf("input character c:"); /*输入一个字符*/
    c=getchar();
    for(i=j=0;st[i]!='\0';i++)
        if(st[i]!=c)
            st[j++]=st[i];
    st[j]='\0';
    puts(st);
    return 0;
}
```

程序运行结果：

```
Input character c: e✓
I lov C languag
```

利用 for 循环控制语句，循环变量 i 和 j，初值为 0，i 访问当前数组，j 访问删除以后的数组，如果当前数组没有访问到字符串的末尾，那么判断当前字符是否为待删除字符，如果不是，那么 i 和 j 全部后移，否则 i 后移，j 不变。

5.2.2 字符串函数

为了处理字符串方便，C 语言提供了丰富的字符串处理函数，大致可分为字符串的输入、输出、合并、修改、比较、转换、复制和搜索几类。使用这些函数可大大减轻编程的负担。处理前面用于输入输出的字符串函数 gets()/puts()，在使用前应包含头文件"stdio.h"，使用其他字符串函数则应包含头文件"string.h"。形式如下。

```
#include<string.h>
```

下面具体介绍常用的函数。

1. 字符串长度函数 strlen()

```
strlen(字符数组名)
```

【例 5-12】求字符串的实际长度（不含字符串结束标志'\0'），即求字符串中第一个结束符'\0'前的字符个数。

```
#include <stdio.h>
#include <string.h>
int main()
{
```

```
    int k,l;
    char st[]="C language";
    char t[100]="12345\0yex\0";
    k=strlen(st);
    l=strlen(t);
    printf("The lenth of the string st is %d\n",k);
    printf("The lenth of the string t is %d\n",l);
    return 0;
}
```

程序运行结果：

```
The lenth of the string st is 10
The lenth of the string t is 5
```

2. 字符串复制函数 strcpy()

```
strcpy(字符数组名 1,字符数组名 2)
```

函数将字符数组 2 中的字符串复制给字符数组 1，并返回字符数组 1 的首地址。很显然，字符数组 1 必须有足够的空间来存储复制过来的字符数组 2 的字符串，否则不能全部装入所复制的字符串。例如：

```
char s1[20];
char s2[]="Good luck";
strcpy(s1, s2);
puts(s1);    /*输出 Good luck*/
```

strcpy()函数可以将结束符一起复制过去，以上复制操作也可以直接写成：

```
strcpy(s1, "Good luck");
```

3. 字符串连接函数 strcat()

```
strcat(字符数组名 1,字符数组名 2)
```

函数将字符数组 2 中的字符串连接到字符数组 1 中的字符串后面，并删去字符串 1 后的结束标志 "\0"，并返回字符数组 1 的首地址。很显然，字符数组 1 也必须有足够的空间来存储由原来的字符数组 1 中的字符串和字符数组 2 中的字符串构成的新字符串。例如：

```
char s1[20]="Good luck";
char s2[]="to you!";
strcat(s1,s2);
puts(s1);/*输出 Good luck to you!*/
```

连接后的 s1 的有效字符长度为 17，包括结束符在内，s1 至少需要 18 个字符长度，否则连接是错误的。

4. 字符串比较函数 strcmp()

```
strcmp(字符数组名 1,字符数组名 2)
```

按照 ASCII 码顺序比较两个数组中的字符串，并由函数返回值返回比较结果。

（1）字符串 1 = 字符串 2，返回值 = 0；

（2）字符串 1 > 字符串 2，返回值 > 0；返回一个正整数；

（3）字符串 1 < 字符串 2，返回值 < 0；返回一个负整数。

本函数也可用于比较两个字符串常量，或比较字符数组和字符串常量。

字符串比较规则：自左向右按 ASCII 码值大小进行比较，直至出现一对不同字符或者遇到结束符为止。

例如：

```
strcmp("ABC","abc")           /*返回负整数，前面字符串小*/
strcmp("ABC","ABC\0abc")      /*返回 0，二者相等，'\0'后面不是有效字符*/
strcmp("ABC","AB")            /*返回正整数，前面的大，可以理解成'C'比'\0'大*/
strcmp("AB","ABC")
/*返回负整数，前面的小，可以理解成'\0'比'C'小可以根据比较结果来进行字符串排序操作*/
```

【例 5-13】简单密码检测程序。

分析：由键盘输入密码，与已知密码进行检测，如果密码不正确可以重新输入，最多输入 3 次，密码正确可以退出循环。

```c
#include <stdio.h>
#include <string.h>
int main()
{
    char pass_str[80];
    int i=0;
    while(1)
    {
        printf("please input password:\n");
        gets(pass_str);                     /*输入密码*/
        if(strcmp(pass_str,"password")!=0)  /*输入密码错误*/
            printf("error!press enter\n");
        else
        {
            printf("Right, ready to enter the system!\n");
            break;                          /*输入正确的密码，则终止循环*/
        }
        i++;
        if(i==3) return 0;                  /*输入 3 次错误的密码，退出程序*/
    }
    return 0;
}
```

程序运行结果：

```
please input password:
password↙
Right, ready to enter the system!
```

任务实现

步骤 1：启动 Visual C++ 6.0。

步骤 2：新建 C 语言源程序文件（Chapter5-2.c）。

步骤 3：在 C 语言源程序文件中，输入如下代码。

```c
#include <stdio.h>
#include <string.h>
int main()
{
    char st[20],cs[5][20];
```

```
        int i,j,p;
        printf("input book's name:\n");
        for(i=0;i<5;i++)                    /*输入 5 本书名字符串*/
            gets(cs[i]);
        printf("\n");
        printf("Sort result:\n");
        for(i=0;i<5;i++)
        {
            p=i;                            /*字符数组 cs[i]的下标 i 赋予 p*/
            strcpy(st,cs[i]);               /*字符数组 cs[i]中的书名字符串复制到数组 st*/
            for(j=i+1;j<5;j++)
                if(strcmp(cs[j],st)<0)      /*比较字符串大小*/
                {
                    p=j;
                    strcpy(st,cs[j]);
                }
                if(p!=i)    /*p 不等于 i 说明有比 cs[i]更小的字符串出现,交换 cs[i]和 st */
                {
                    strcpy(st,cs[i]);
                    strcpy(cs[i],cs[p]);
                    strcpy(cs[p],st);
                }
                puts(cs[i]);
        }
    printf("\n");
    return 0;
}
```

步骤 4：编译连接。

步骤 5：执行，运行结果如下所示。

```
input book's name:
C 程序设计✓
数据结构✓
Asp.net✓
Sql server✓
计算机组装✓

Sort result:
Asp.net
C 程序设计
Sql server
计算机组装
数据结构
```

任务 5.3　用结构体描述图书的完整信息

学习目标

- 掌握结构类型和结构体变量的定义方法；
- 掌握结构体变量的引用与赋值方法；

● 掌握结构体数组的运用；
● 理解枚举类型的定义与使用方法；
● 掌握用 typedef 定义数据类型的方法。

结构体

任务描述

在实际问题中，一组数据往往具有不同的数据类型。如图书信息，ISBN 编号可为整型或字符型，书名应为字符型，作者应为字符型，价格应为整型或实型，出版社名称应为字符型。因为数组中各元素的类型和长度都必须一致，显然不能用一个数组来存放这一组数据。为了解决这个问题，C 语言中给出了另一种构造数据类型——"结构体（structure）"，通过用结构体描述图书的完整信息来理解与学习结构体。

相关知识

5.3.1　结构体（struct）

1. 结构体类型的定义

结构体类似于前面介绍的数组，是若干变量的有序集合，但结构体中的成员可以是不同类型的，所以结构体在实际应用中更为广泛。

结构体是一种"构造"而成的数据类型，是由若干"成员"组成的。每一个成员可以是一个基本数据类型或者又是一个构造类型。因此，在说明和使用之前必须先定义它，也就是构造它，如同在说明和调用函数之前要先定义函数一样。结构体是一种类型，结构体变量是具有结构体类型的变量。在使用中，必须先定义结构体类型，再定义具有这种类型的结构体变量。

结构体类型的定义格式如下：

```
struct 结构体名{
    成员列表
};
```

其中，struct 是定义结构体类型的关键字，结构体名用来表示结构体类型。结构体类型中的成员说明包含成员的类型和名字，其形式为：

```
类型说明符 成员名;
```

成员名的命名应符合标识符的书写规范。例如：

```
struct Book
{
    char ISBN[13];
    char BookName[40];
    char Author[20];
    double Price;
    char Publisher[50];
};
```

在这个结构体定义中，结构体名为 Book，该结构体包含了 5 个成员：第 1 个成员为 ISBN，字符数组；第 2 个成员为 BookName，字符数组；第 3 个成员为 Author，字符数组；第 4 个成员为 Price，实型变量；第 5 个成员 Publisher，字符数组。定义了结构体类型之后，便可以定义具有这种结构体类型的结构体变量。

2. 结构体变量的定义

定义结构体变量一般有如下 3 种方法。

（1）单独定义。先定义结构体类型，再单独定义结构体变量。定义结构体变量格式如下。

```
struct Book
{
    char ISBN[13];
    char BookName[40];
    char Author[20];
    double Price;
    char Publisher[50];
};
struct Book Book1,Book2;
```

在这里，先定义了一个名为 Book 的结构体类型，然后定义了 Book1 和 Book2 两个结构体变量，它们都是 Book 结构体类型的。

（2）同时定义，即在定义结构体类型的同时定义结构体变量，例如：

```
struct Book
{
    char ISBN[13];
    char BookName[40];
    char Author[20];
    double Price;
    char Publisher[50];
}Book1,Book2;
```

这种形式的说明的一般形式为：

```
struct 结构体名{
    成员表列
}变量名表列;
```

（3）直接定义结构体变量，例如：

```
struct
{
    char ISBN[13];
    char BookName[40];
    char Author[20];
    double Price;
    char Publisher[50];
}Book1,Book2;
```

这种形式的说明的一般形式为：

```
struct {
成员表列
}变量名表列;
```

第 3 种方法与第 2 种方法的区别在于第 3 种方法中省去了结构体名，而直接给出结构体变量。

在程序中使用结构体变量时，往往不把它作为一个整体来使用。除了允许具有相同类型的结构体变量相互赋值以外，一般对结构体变量的使用，包括赋值、输入、输出和运算等都是通过结构体变量的成员来实现的。

3. 结构体变量的引用与赋值

（1）结构体变量的引用

一个结构体变量由若干成员组成，成员又可称为结构体分量。对结构体成员的引用由圆点运算符"."实现，表示结构体变量成员的一般形式为：

```
结构体变量名.成员名
```

例如：

```
struct
{
    char ISBN[13];
    char BookName[40];
    char Author[20];
    double Price;
    char Publisher[50];
}Book1,Book2;
Book1.BookName 即第一本图书的书名。
Book2.Price 即第二本图书的价格。
```

如果成员本身又是一个结构体类型，必须逐级找到最低级的成员才能使用。

例如：

```
struct stu{  /*定义结构体类型*/
    char num[6];
    char name[10];
    char sex;
    struct birth{
    int year;
    int month;
    int day;
}birthday;
double  score;
}stu1;
```

该学生信息结构体如表 5-2 所示。

表 5-2 学生信息结构体

num	name	sex	birthday			score
			year	month	day	

若要引用该学生信息结构体变量 stu1 中的出生年份这一成员，则应该写成：

```
stu1.birthday.year
```

结构体变量的成员也可以像同类型的其他变量一样，进行各种运算。例如：

```
stu1.score+10.5
```

（2）结构体变量的赋值

为结构体变量赋值，可以有以下两种方法。

① 在变量说明中赋初值，称为初始化。其格式如下：

struct<结构体名><结构体变量名>=<初始值表>；

【例 5-14】对结构体变量初始化。

```c
#include <stdio.h>
int main()
{
    struct stu{
        char num[6];
        char name[10];
        char sex;
        double score;
    }stu2,stu1={"14012","Rose",'M',78.5};
    stu2=stu1;
    printf("Number=%s\nName=%s\n",stu2.num,stu2.name);
    printf("Sex=%c\nScore=%.2f\n",stu2.sex,stu2.score);
    return 0;
}
```

程序运行结果：

```
Number=14012
Name=Rose
Sex=M
Score=78.50
```

本例中，stu2、stu1 均被定义为外部结构体变量，并对 stu1 进行了初始化赋值。在 main()函数中，把 stu1 的值整体赋予 stu2，然后用两个 printf()语句输出 stu2 各成员的值。

② 用赋值语句或输入语句为结构体成员赋值。

【例 5-15】给结构体变量赋值并输出其值。

```c
#include"stdio.h"
#include<string.h>
struct stu
{
    char num[6];
    char name[10];
    char sex;
    float score;
}stu1,stu2;
int main()
{
    strcpy(stu1.num,"14102");
    strcpy(stu1.name,"Rose");
    printf("input sex and score:\n");
    scanf("%c %f",&stu1.sex,&stu1.score);
    stu2=stu1;
    printf("Number=%s\nName=%s\n",stu2.num,stu2.name);
    printf("Sex=%c\nScore=%.2f\n",stu2.sex,stu2.score);
    return 0;
}
```

本程序中用字符串复制函数给 num 和 name 两个成员赋值，用 scanf()函数动态地输入 sex 和 score 成员值，然后把 stu1 的所有成员的值整体赋予 stu2。最后分别输出 stu2 的各个成员值。本例表示了结构体变量的赋值、输入和输出的方法。要注意的是，无论采用哪种方法为结构体成员赋值，都必须保证类型一致。

程序运行结果：

```
input sex and score:
M 80.5✓
Number=14102
Name=Rose
Sex=M
Score=80.50
```

4. 结构体数组

数组的元素也可以是结构体类型的。因此，可以构成结构体数组。结构体数组的每一个元素都是具有相同结构体类型的结构体变量。在实际应用中，经常用结构体数组来表示具有相同数据结构的一个群体。如一个班的学生成绩，一个公司员工的工资表等。方法和结构变量相似，只需说明它为数组类型即可。

例如：

```
struct stu{
    char num[6];
    char name[10];
    char sex;
    double score;
}stu1[40];
```

其中，数组 stu1 中的每个数组元素都具有 struct stu 的结构形式。对结构体数组可以初始化赋值，也可以逐个对每个数组元素赋值。

【例 5-16】建立个人通信录。

分析：程序中需定义了一个结构体类型 memu，它的成员 name、phone 和 Address 分别用来表示姓名、电话号码和地址。定义结构体数组，在循环中逐个输入个人通信信息，最后输出整个个人通信录。

```
#include"stdio.h"
#define N 2
int main()
{
    struct memu{
        char name[20];
        char phone[12];
        char Address[50];
    }person[N];
    int i;
    for(i=0;i<N;i++)
    {
        printf("input name:\n");
        gets(person[i].name);
        printf("input phone:\n");
        gets(person[i].phone);
        printf("input Address:\n");
        gets(person[i].Address);
```

```
    }
    printf("name\t\tphone\t\tAddress\n");
    for(i=0;i<N;i++)
        printf("%s\t\t%s\t\t%s\n",person[i].name,person[i].phone,person[i].Address);
    return 0;
}
```

程序运行结果：

```
input name:
gaoyu✓
input phone:
13787690987✓
input Address:
湖南益阳✓
input name:
chenjie✓
input phone:
13898760987✓
input Address:
湖南衡阳✓
name                phone                   Address
gaoyu               13787690987             湖南益阳
chenjie             13898760987             湖南衡阳
```

5.3.2　枚举

在实际问题中，有些变量的取值被限定在一个有限的范围内。例如，一个星期只有 7 天，一年只有 12 个月，一个班每周有 6 门课程等。如果把这些量说明为整型，字符型或其他类型显然是不妥当的。为此，C 语言提供了一种称为"枚举"的类型。在"枚举"类型的定义中列举出所有可能的取值，被说明为该"枚举"类型的变量取值不能超过定义的范围。

应该说明的是，枚举类型是一种基本数据类型，而不是一种构造类型，因为它不能再分解为任何基本类型。

1. 枚举的定义

枚举类型定义的一般形式为：

```
enum 枚举名{枚举值表};
```

在枚举值表中应罗列出所有可用值，这些值也称为枚举元素。

例如，有枚举名为 weekday，枚举值共有 7 个，即一周中的 7 天。凡被说明为 weekday 类型变量的取值只能是 7 天中的某一天。

2. 枚举变量的说明

如同结构体类型变量一样，枚举变量也可用不同的方式说明，即先定义后说明，同时定义说明或直接说明。设有变量 a、b、c 被说明为上述的 weekday，可采用下述任意一种方式说明：

```
enum weekday{sun,mon,tue,wed,thu,fri,sat};
enum weekday a,b,c;
```

或者为：

```
enum weekday{sun,mon,tue,wed,thu,fri,sat}a,b,c;
```

或者为：

```
enum {sun,mon,tue,wed,thu,fri,sat}a,b,c;
```

枚举类型在使用中有以下规定。

（1）枚举值是常量，不是变量。不能在程序中用赋值语句再对它赋值。

例如，对枚举类型 weekday 的元素再进行以下赋值：

```
sun=5;
mon=2;
sun=mon;
```

都是错误的。

（2）枚举元素本身由系统定义了一个表示序号的数值，从 0 开始顺序定义为 0，1，2，…如在 weekday 中，sun 值为 0，mon 值为 1，……，sat 值为 6。

【例 5-17】 枚举的应用。

```
#include <stdio.h>
int main()
{
    enum weekday{sun,mon,tue,wed,thu,fri,sat}a,b,c;
    a=sun;
    b=mon;
    c=tue;
    printf("%d,%d,%d",a,b,c);
    return 0;
}
```

程序运行结果：

```
0,1,2
```

本例中只能把枚举值赋予枚举变量，不能把元素的数值直接赋予枚举变量。如，a=sun; b=mon;是正确的。而 a=0;b=1;是错误的。如果一定要把数值赋予枚举变量，则必须用强制类型转换。例如：

```
a=(enum weekday)2;
```

其意义是将顺序号为 2 的枚举元素赋予枚举变量 a，相当于：

```
a=tue;
```

枚举元素不是字符常量也不是字符串常量，使用时不要加单引号、双引号。

5.3.3 用 typedef 定义类型

C 语言不仅提供了丰富的数据类型，还允许由用户自己定义类型说明符，也就是说，允许由用户为数据类型取"别名"。类型定义符 typedef 即可用来完成此功能。例如，有整型量 a、b，其说明如下：

```
int a,b;
```

其中，int 是整型变量的类型说明符。int 的完整写法为 integer，为了增加程序的可读性，可把整型说明符用 typedef 定义为：

```
typedef int INTEGER
```

以后就可用 INTEGER 来代替 int 作整型变量的类型说明了。例如：

```
INTEGER a,b;
```

它等效于：

```
int a,b;
```

用 typedef 定义数组、指针和结构体等类型将带来很大的方便，不仅使程序书写简单而且使意义更为明确，因而增强了程序的可读性。例如：

```
typedef char NAME[20];
```

表示 NAME 是字符数组类型，数组长度为 20。然后可用 NAME 说明变量，如：

```
NAME a1,a2,s1,s2;
```

完全等效于：

```
char a1[20],a2[20],s1[20],s2[20];
```

又如：

```
typedef struct stu{
    char name[20];
    int age;
    char sex;
}STU;
```

定义 STU 表示 stu 的结构类型，然后可用 STU 来说明结构变量：

```
STU body1,body2;
```

typedef 定义的一般形式为：

```
typedef 原类型名    新类型名
```

其中，原类型名中含有定义部分，新类型名一般用大写表示，以便于区别。

有时也可用宏定义来代替 typedef 的功能，但是宏定义是由预处理完成的，而 typedef 则是在编译时完成的，后者更为灵活方便。

任务实现

步骤 1：启动 Visual C++ 6.0。

步骤 2：新建 C 语言源程序文件（Chapter5-3.c）。

步骤 3：在 C 语言源程序文件中，输入如下代码。

```
#include <stdio.h>
struct Book{
    char ISBN[14];
    char Name[20];
    double Price;
    char Author[20];
    char publish[30];
};
int main()
{
    struct Book b;
    printf("请输入编号: ");
    scanf("%s",b.ISBN);
    printf("请输入书名: ");
    scanf("%s",b.Name);
    printf("请输入价格: ");
```

```
    scanf("%lf",&b.Price);
    printf("请输入作者: ");
    scanf("%s",b.Author);
    printf("请输入出版时间: ");
    scanf("%s",b.publish);
    printf("\n--------------------------------------\n");
    printf("编号: %s\n",b.ISBN);
    printf("书名: %s\n",b.Name);
    printf("价格: %lf\n",b.Price);
    printf("作者: %s\n",b.Author);
    printf("出版时间: %s\n",b.publish);
    return 0;
}
```

步骤4：编译连接。

步骤5：执行，运行结果如下所示。

```
请输入编号: 987456231231↙
请输入书名: c语言程序设计↙
请输入价格: 35↙
请输入作者: 谭浩强↙
请输入出版时间: 2014.10.11↙
--------------------------------------
编号: 987456231231
书名: c语言程序设计
价格: 35
作者: 谭浩强
出版时间: 2014.10.11
```

项目实战——添加图书信息

本节实现图书超市收银系统添加图书信息的功能。

本任务目的如下。

（1）通过本案例的操作可以实现图书超市收银系统添加图书信息的功能，由用户自己输入图书的相关信息。

（2）掌握结构体变量的定义与使用方法。

（3）学习数组的使用。

实现步骤：

① 定义图书的结构体类型 Book。

```
struct Book{
    int buy;
    char ISBN[14];
    char Name[20];
    double Price;
    char Author[20];
    char publish[30];
};
```

② 定义 Book 结构体数组。

```
Book book[100];
```

③ 添加图书信息。

```
int counter=0;
for(;;)
```

```
    {
        system("cls");
        printf("增加图书\n\n");
        printf("请输入编号：\n");
        scanf("%s",book[counter].ISBN);
        printf("请输入书名：\n");
        scanf("%s",book[counter].Name);
        printf("请输入价格：\n");
        scanf("%lf",&(book[counter].Price));
        printf("请输入作者：\n");
        scanf("%s",book[counter].Author);
        printf("请输入出版社：\n");
        scanf("%s",book[counter].publish);
        counter++;
        printf("是否继续增加?Y/N\n");
        char opt;
        scanf("%c%c",&opt,&opt);
        if(opt=='n'||opt=='N')
            break;
    }
```

项目小结

  本项目首先介绍了数组及其声明和初始化的方法。数组是指相同类型数据的有序集合，属于构造数据类型，由连续存储的数组元素组成。数组名代表整个数组的首地址。

  数组的定义包括数据类型、数组名和数组的长度。数组不能动态定义长度，数组元素用数组名和下标引用，下标从 0 开始，上限是数组长度减 1。数组的初始化是指在数组定义时给数组元素赋予初值。

  接着介绍了 C 语言中字符串的用法。数组元素是字符类型的数组称为字符数组。字符数组中的一个元素存放一个字符。字符串的输入输出不同于一般的字符数组，既可逐个输入输出字符串中的字符，也允许对字符串进行整体的操作。C 标准库中有专门的字符串处理函数，其中包括字符串长度、字符串连接、字符串比较和字符串复制等。这些函数可以大大减少编程的工作量。字符串是一种特殊的字符数组，它以'\0'作为字符串的结束标志。存放字符串的字符数组的长度必须比字符串中字符的个数多 1。程序依靠检测'\0'来判定字符串是否结束。

  最后本项目还介绍了结构体和枚举类型的使用方法。

习题五

一、选择题

1. 已知 char s[]="12345";，则数组 s 占用的字节数是（　　）。

  A. 5　　　　　　　　B. 6　　　　　　　　C. 7　　　　　　　　D. 不固定

2. 以下程序的输出结果是（　　）。

```
#include<stdio.h>
int main()
{
    int i,a[10];
    int s=0;
```

```
    for(i=0;i<10;i++)
        a[i]=2*i+l;
    for(i=0;i<10;i++)
        s=s+a[i];
    printf("%d\n",s);
    return 0;
}
```

    A. 20   B. 21   C. 100   D. 101

3. 下列关于字符串的描述中，错误的是（　　）。
    A. 一维字符数组可以存放一个字符串   B. 可以使用一个字符串给二维字符数组赋值
    C. 二维字符数组可以存放多个字符串   D. 可以用一个字符串对二维字符数组进行初始化

4. 下列关于字符数组的描述中，错误的是（　　）。
    A. 字符数组中的每一个元素都是字符   B. 字符数组可以使用初始值表进行初始化
    C. 字符数组可以存放字符串   D. 字符数组就是字符串

5. 下列关于数组维数的描述中，错误的是（　　）。
    A. 定义数组时必须明确指出每一维的大小   B. 二维数组是指该数组的维数是 2
    C. 数组的维数可以使用常量表达式   D. 数组元素的个数等于该数组的各维大小的乘积

6. 下列关于数组下标的描述中，错误的是（　　）。
    A. C 语言中，数组元素的下标是从 0 开始的   B. 数组元素下标是一个整型常量表达式
    C. 数组元素可以用下标来表示   D. 数组元素的某维下标值应小于该维的大小

7. 以下程序的输出结果是（　　）。
```
#include<stdio.h>
int main()
{
    int a[3][3],i,j;
    for(i=0;i<3;i++)
        for(j=0;j<3;j++)   a[i][j]=i+j;
    for(i=0;i<3;i++)
        for(j=0;j<3;j++)   a[i][j]=a[j][i]+i+j;
    printf("%d\n",a[2][2]);
    return 0;
}
```
    A. 4   B. 6   C. 8   D. 值不确定

8. 下列程序执行后的输出结果是（　　）。
```
#include<stdio.h>
#include<string.h>
int main()
{
    char s[100];
    strcpy(s, "I love");
    strcat(s, "this program.");
```

```
        s[6]='\0';
        puts(s);
        return 0;
    }
```

A. I love this program.   B. I love this

C. I love   D. I lov

9. 下面能正确地将字符串"C++"进行完整赋值操作的语句是 (   )。

A. char s[3]={'C', '+', '+'};   B. char s[]="C++";

C. char s[3]={"C++"};   D. char s[3]; s[0]='C'; s[1]= '+'; s[2]= '+';

10. 下面关于结构体类型的描述中，错误的是 (   )。

A. 定义结构体类型时，结构体名不得省略

B. 一个结构体类型的结构体变量可作为另外一个结构体类型的成员

C. 数组可作为结构体成员

D. 某结构体类型所能定义的结构体变量的个数是不受限制的

11. 下面关于结构体变量的描述中，错误的是 (   )。

A. 结构体变量可以作为数组元素   B. 结构体变量的成员用运算符 "." 表示

C. 结构体变量可以作为函数的参数   D. 两个结构体变量可以作相加运算

二、填空题

1. 若定义 int a[10]; 则表示此数组有_____个元素，其下标从_____开始，最大为_____。

2. 以下程序可读入 10 个整数，统计整数个数并求和。

```
#include<stdio.h>
int main()
{
    int i,a[10],s,count;
    s=count=0;
    for(i=0;i<10'i++)
    {
        printf("请输入第%d 个数:\n", i+1);
        _____;
    }
    for(i=0;i<10;i++)
    {
        if(a[i]<=0)
        _____;
        s=s+a[i];
        count++;
    }
    printf("s=%d\tcount=%d\n",s,count);
    return 0;
}
```

三、编程题

1. 编程求下列矩阵两条对角线上所有元素之和。

```
1 2 3 4
2 3 4 5
3 4 5 6
4 5 6 7
```

2. 编写程序实现简单的字符串加密。加密规则如下：将字符串中的英文字母替换成 ASCII 表中它后面的第 2 个字符，其他字符不处理。例如，"Hello"加密后为"Jgnnq"。

3. 编写程序统计整型变量 m 中各数字出现的次数，并存放到数组 a 中，其中，a[0]存放 0 出现的次数，a[1]存放 1 出现的次数，....a[9]存放 9 出现的次数。

例如，若 m 为 14579233，则输出结果应为 0，1，1，2，1，1，0，1，1。

4. 编写程序，在任意给定的 9 个正整数中找出按升序排列时处于中间的数，将原数据序列中比该中间数小的数用该中间数替换，位置不变，并输出处理后的数据序列及中间数。

例如，有 9 个正整数：1 57 23 87 5 8 21 45。按升序排列时的中间数为 8，处理后主函数中输出的数列为 8 8 8 23 87 8 8 21 45。

5. 编写程序，将十进制正整数 m 转换成 k(2<=k<=9)进制数，并按位输出。若输入 8 和 2，则应输出1000（即十进制数 8 转换成二进制表示是 1000）。

6. 编写程序，对 N*N 的二维数组右上半三角元素的值乘以 m，并输出新的二维数组元素。

例如，若 m 的值为 2，a 数组中的值为

```
    1  9   7
a=  2  3   8
    4  5   6
```

计算后：

```
    2  18  14
a=  2  6   16
    4  5   12
```

7. 写一程序建立一个 N×N 的矩阵。矩阵元素的构成规律是最外层元素的值全部为 1；从外向内第 2 层元素的值全部为 2；第 3 层元素的值全部为 3，……依此类推。

例如，若 N=5，生成的矩阵为

```
1 1 1 1 1
1 2 2 2 1
1 2 3 2 1
1 2 2 2 1
1 1 1 1 1
```

8. 编写程序，统计输入的一串字符中大写字母和小写字母的个数。

9. 编写一程序，将输入一个英文文本行中的每个单词的第一个字母改成大写，然后输出此文本行（这里"单词"是指由空格隔开的字符串）。

10. 已知学生的记录由学号和学习成绩构成，N 名学生的数据已存入 a 结构体数组中。请编写程序，找出成绩最低的学生记录。

项目 6
使用函数实现图书结算

图书超市收银系统是一个复杂的系统，C 语言中提倡使用模块化设计思想将一个较复杂的大问题分解成一个一个的子问题，把每个子问题都看成是一个模块，编写程序的核心问题就可以放在如何实现这些模块上，这样就把大问题化小，难问题化简了。本项目采用模块化设计思想，使用函数来实现购书结算处理的功能。

本项目通过图书信息管理模块化编程、购书结算找零两个任务讲述函数的定义、函数的声明和类型，理解函数的调用、参数传递等知识，让读者掌握函数的使用方法与变量的作用域。

任务 6.1 图书信息管理模块化编程

学习目标

- 理解函数的概念；
- 理解函数的定义、声明和调用方法；
- 掌握函数的参数传递；
- 掌握变量的作用域和存储类型。

函数

任务描述

在实际应用中，一个项目和工程由若干模块构成，通常会将一个个的模块定义为函数，通过对函数模块的调用实现特定功能。利用函数，让程序设计变得简单和直观，提高了程序的可读性和可维护性，这样可以大大地减轻程序员编写代码的工作量。

本次任务利用模块化程序思想，将图书信息管理划分为图书信息添加、显示、查找和按图书价格排序等模块，实现图书信息管理功能。

相关知识

6.1.1 函数的概念

在之前的程序示例中，为了使示例程序更加简洁，我们有时会将所有的执行代码都放在 main()函数的函数体当中，这样做对于一个简单的程序来说，我们不需要去分析程序的执行顺序，因为程序的执行过程是显而易见的。但是，一个较大的程序不可能完全由一个人从头至尾的完成，更不可能将所有的内容都放在 main()函数当中，因为这样既不利于调试程序，也不利于程序的阅读，对于相类似的程序功能，我们也无法对其进行重复利用。

为了便于规划、组织、编写与调试，一般的做法是把一个大的程序按照功能划分为多个函数，每一个函数实现一部分特定的功能。值得注意的是，无论将一个程序划分为多少个函数，main()函数只能有一个，程序总是从 main()函数开始执行。在程序运行过程中，由 main()函数调用其他函数，其他函数也可以互相调用。程序中的各项操作基本上都是由函数来实现的，因此，函数是 C 语言中最为重要的部分。

"函数"这个名词是由英语 function 翻译过来的，function 的原意是指"功能"，因此，一个函数就是一个功能，main()函数则是主功能，相当于总调度，调动各函数依次实现各项功能。因此，一个函数就是一些语句的集合，这些语句组合在一起完成一个特定的功能，返回所需的结果。

在 C 语言中，函数可以分为两类，一类是由系统定义的标准函数，又称为库函数，其函数声明一般是放在系统的 include 目录下以.h 为后缀的头文件中，如果在程序中要用到某个库函数，必须在调用该函数之前用#include<头文件名>命令将库函数信息包含到本程序中。各类常用的库函数及所属的头文件可以查阅附录 C。

另一类函数就是自定义函数，这类函数是根据问题的特殊要求而设计的，自定义的函数为程序的模块化设计提供了有效的技术支持，有利于程序的维护和补充。

6.1.2　函数的定义、声明和调用

1. 函数的定义

C 语言中的自定义函数就是程序设计人员自己定义的函数。自定义函数的形式如下：

```
[存储类型符] [返回值类型符]函数名([形参列表])
{
    函数语句体
}
```

说 明

（1）[存储类型符]指的是函数的作用范围，它只有两种形式：static 和 extern。static 说明函数只能作用于其所在的源文件，用 static 说明的函数又称为内部函数；extern 说明函数可被其他源文件中的函数调用，用 extern 说明的函数，又称为外部函数。默认为 extern。

（2）[返回值类型]指的是函数体语句执行完后，函数返回值的类型，如 int、float 和 char 等，若函数无返回值，则用空类型 void 来定义函数的返回值。默认情况为 int 型。

（3）函数名由任何合法的标识符构成。为了增强程序的可读性，建议将函数名的命名与函数功能联系起来，养成良好的编程风格。

（4）[形参列表]是一系列用逗号分开的形参变量数据类型声明。如 int a,int b,int c 表示形参变量有3 个：a,b,c。它们的类型都是 int 型。[形参列表]可以缺省，默认时表示函数无参数。

（5）函数语句体放在一对花括号{}中，主要由两部分构成，如下。

① 局部数据类型的声明：用于说明函数中局部变量的数据类型。

② 功能实现部分：可由顺序语句、分支语句、循环语句、函数调用语句和函数返回语句等语句构成，是函数的主体部分。

（6）函数返回语句的形式有以下两种。

① 函数有返回值类型，则函数的返回语句形式为：return (表达式的值);

② 函数返回值为 void 时（即函数无返回值），则函数的返回语句形式为：return;这种情况也可以不写return 语句。

【例 6-1】定义函数，求出两个整数的绝对值之和。

函数定义如下。

```
int abs_sum(int a,int b)
{
    if(a<0)
        a=-a;
    if(b<0)
        b=-b;
    return (a+b);
}
```

2. 函数的声明

所谓函数声明，是指在函数尚未定义的情况下，事先将函数的有关信息通知给编译系统，使编译能正常进行。大多数的情况下，程序中使用自定义的函数之前要先进行函数声明，才能在程序中调用。

函数声明语句的一般形式为：

> ［存储类型符］ ［返回值类型符]函数名([形参列表])；

例如：int abs_sum(int a,int b);

3. 函数的调用

函数定义完成后，如果没有得到调用，是不会发挥任何作用的，函数调用是通过函数调用语句来实现的，主要有以下两种形式。

（1）函数无返回值的函数调用语句

> 函数名([实参表])；

（2）函数有返回值的函数调用语句

> 变量名=函数名([实参表])；

其中，变量的数据类型必须和函数的返回值类型相同。

不论是哪种情况，函数调用时都会去执行函数中的语句内容，函数执行完毕，回到函数的调用处，继续执行程序中函数调用后面的语句。

例如：

```
…
int m=7,n=-12;
int p;
…
p=abs_sum(m,n);
…
```

自定义函数在程序中的使用顺序有两种形式。

（1）函数定义放在 main()函数的后面

在调用函数之前，必须要先进行函数声明。也就是说，函数声明语句应放函数调用语句之前，具体位置与编译环境有关。

（2）函数定义放在 main()函数的前面

在调用函数之前，不需要进行函数声明。

【例6-2】编写程序，通过调用函数 int abs_sum(int a,int b)，求任意两个整数的绝对值之和。

分析：两个整数的绝对值之和仍然是整型数据，函数调用时需要定义一个整型变量来接收函数的返回值。

程序如下：

```
#include <stdio.h>
int abs_sum(int a,int b);
int main()
{
    int x,y,z;
    scanf("%d%d",&x,&y);
    z=abs_sum(x,y);
    printf("|%d|+|%d|=%d\n",x,y,z);
     return 0;
}
int abs_sum(int a,int b)
```

```
    {
        if(a<0)
            a=-a;
        if(b<0)
            b=-b;
        return (a+b);
    }
```

程序运行结果：

```
    7 -12↙
    |7|+|-12|=19
```

在程序中，若将函数定义放在函数调用之前，则不需要函数声明语句，上面的程序可以改写成如下的
形式：

```
#include <stdio.h>
int abs_sum(int a,int b)
{
    if(a<0)
        a=-a;
    if(b<0)
        b=-b;
    return (a+b);
}
void main()
{
    int x,y,z;
    scanf("%d%d",&x,&y);
    z=abs_sum(x,y);
    printf("|%d|+|%d|=%d\n",x,y,z);
}
```

改写后的程序与改写前的程序功能是相同的。

6.1.3 函数的参数传递

1. 函数的参数

函数的参数分为两类：形式参数和实际参数。形式参数是指在定义函数时，函数名后面括号中的变量
名称，而实际参数是指在函数调用的时候，函数名后括号中的变量名称。

函数的形参表由一些用逗号分隔的参数类型和参数名组成，如果两个参数具有相同的类型，参数必须
分开声明，如下所示。

```
int abs_sum(int a,int b);        //abs_sum 函数的声明
int abs_sum(int a,b);            //错误
```

参数表中不能出现同名的参数，同样，函数的局部变量也不能使用与函数参数相同的变量名。

在调用函数时，如果函数是有参数的，则必须采用实参表将每一个实参的值相应地传递给每一个形参
变量，形参变量在接收到实参表传过来的值时，会在内存中临时开辟新的空间，以保存形参变量的值（由
实参复制而来），当函数执行完毕时，这些临时开辟的内存空间会被释放，并且形参的值在函数中不论是
否发生变化，都不会影响到实参变量的变化，这种函数的调用方法称为"传值"方式。

【例 6-3】提供合适的参数，调用函数 int abs_sum(int a,int b)。

```
#include <stdio.h>
int main()
{
    abs_sum("hello","world");      //错误，参数类型不匹配
    abs_sum(985);                  //错误，参数个数不匹配
    abs_sum(3.14, 1.55);           //正确，double 类型常量可被转为 int 类型
    abs_sum(5,4+7);                //正确
}
```

第一个调用是不合法的，因为字符串类型无法转变为整数类型；第二个调用也是不合法的，因为实参的个数必须与形参表一致；第三个调用是合法的，当发生调用时，3.14 将转为 int 类型，并将值传递给 a，1.55 将转为 int 类型，并将值传递给 b；第四个调用也是合法的，实参可以是表达式。

有关形参和实参的说明如下。

（1）在定义函数时指定的形参，在未出现函数调用时，它们并不占用内存中的存储空间，因此称之为形式参数或虚拟参数，表示它们并不是实际存在的数据。只有当发生函数调用时，函数的形参才被分配内存单元，以便接收从实参传来的数据。在函数调用结束后，形参所占的内存单元也被释放。

（2）实参可以是常量、变量和表达式，但要求表达式有确定的值。

（3）在定义函数时，必须在函数首部指定形参的类型。

（4）实参与形参在数量、类型和顺序应严格保持一致。

（5）实参的值传递给形参的时候是单向传递，只由实参传递给形参，而不传回。即：在被调用函数中，对于形参值的改变，并不会影响到实参的值，这一点尤其要注意。

【例 6-4】函数的参数传递。

```
#include <stdio.h>
/*交换两个整数*/
void swap(int x,int y);        //swap 函数的声明
int main()
{
    int a=100,b=200;
    swap(a,b);                 //将 a，b 两数交换
    printf("%d,%d",a,b);
    return 0;
}
void swap(int x,int y)
{
    int temp=x;
    x=y;
    y=temp;
    printf("%d,%d",x,y);
}
```

程序运行结果：

```
200,100
100,200
```

调用函数 swap() 的时候，会给形参变量 x，y 开辟临时存储空间，将实参数据 100，200 复制一份，分别保存在这两个存储单元中；当函数调用结束，这个内存空间就会被释放掉。调用函数期间对 x，y 所做的

任何操作都不会影响到实参 a，b。

用这种传值的方式调用函数时，实参也可以是函数调用语句，如下面程序所示。

【例 6-5】编写程序，通过调用函数 int abs_sum(int a,int b)，求任意 3 个整数的绝对值之和。

分析：两个整数的绝对值之和还是整数，在这个过程中可以将函数的调用作为函数的参数。

程序如下。

```c
#include <stdio.h>
int abs_sum(int a,int b);
int main()
{
    int x,y,z,sum;
    scanf("%d%d%d",&x,&y,&z);
    sum=abs_sum(abs_sum(x,y),z);
    printf("|%d|+|%d|+|%d|=%d\n",x,y,z,sum);
    return 0;
}
int abs_sum(int a,int b)
{
    if(a<0)
        a=-a;
    if(b<0)
        b=-b;
    return (a+b);
}
```

程序运行结果：

```
-4 9 -5↙
|-4|+|9|+|-5|=18
```

2. 数组作为函数参数

数组作为一种数据类型，同样也可以作为函数的参数。将数组作为参数传递到函数中的时候，可以采用两种方法。

（1）数组元素作为函数的参数

数组元素其实就等同于简单变量，因此，如果将数组元素作为函数的实参，那么函数的形参必须是简单变量。函数的调用过程属于传值调用方式，实参的值单向传递给形参。

数组作为函数参数

【例 6-6】阅读以下程序，理解数组元素作为实参的作用。

```c
#include <stdio.h>
void fun(int a,int b,int c);
int main(){
    int s[3]={500,300,200};
    printf("函数调用前数组元素的值：\n");
    printf("s[0]=%d\ns[1]=%d\ns[2]=%d\n",s[0],s[1],s[2]);
    fun(s[0],s[1],s[2]);
    printf("函数调用后数组元素的值：\n");
    printf("s[0]=%d\ns[1]=%d\ns[2]=%d\n",s[0],s[1],s[2]);
    return 0;
}
```

```
void fun(int a,int b,int c)
{
    a=a/10;
    b=b/10;
    c=c/10;
    printf("函数调用中形参的值：\n");
    printf("a=%d\nb=%d\nc=%d\n",a,b,c);
}
```

程序运行结果：

```
函数调用前数组元素的值：
s[0]=500
s[1]=300
s[2]=200
函数调用中形参的值：
a=50
b=30
c=20
函数调用后数组元素的值：
s[0]=500
s[1]=300
s[2]=200
```

（2）数组名作为函数的参数

调用函数时，如果使用数组名作为函数参数，这种函数的调用方法又称为"传址"方式。因为数组名代表的是数组在内存中的首地址，调用函数时，实参把数组在内存中的首地址传递给形参，这个操作相当于让形参和实参共用同一个存储单元。

【例6-7】阅读以下程序，理解数组作为实参的作用。

```
#include <stdio.h>
void fun(int a[]);
int main(){
    int s[3]={500,300,200};
    printf("函数调用前数组元素的值：\n");
    printf("s[0]=%d\ns[1]=%d\ns[2]=%d\n",s[0],s[1],s[2]);
    fun(s);
    printf("函数调用后数组元素的值：\n");
    printf("s[0]=%d\ns[1]=%d\ns[2]=%d\n",s[0],s[1],s[2]);
    return 0;
}
void fun(int a[])
{
    a[0]=a[0]/10;
    a[1]=a[1]/10;
    a[2]=a[2]/10;
    printf("函数调用中修改数组元素的值：\n");
    printf("a[0]=%d\na[1]=%d\na[2]=%d\n",a[0],a[1],a[2]);
}
```

程序运行结果：

```
函数调用前数组元素的值:
s[0]=500
s[1]=300
s[2]=200
函数调用中修改数组元素的值:
a[0]=50
a[1]=30
a[2]=20
函数调用后数组元素的值:
s[0]=50
s[1]=30
s[2]=20
```

显然,实参数组的元素值在函数调用后发生了改变。在调用 fun() 函数时,把实参数组 a 的起始地址传送给形参数组,这样形参数组和实参数组共同占用同一段内存单元,如图 6-1 所示。

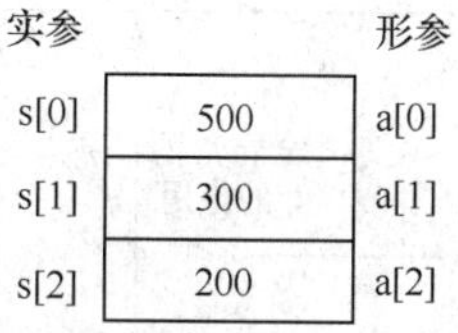

实参		形参
s[0]	500	a[0]
s[1]	300	a[1]
s[2]	200	a[2]

图6-1 形参和实参共用内存单元

因为实参数组和形参数组中的元素共同占用同一个内存单元,当形参的值发生变化时,实参的值也随之发生改变。

另外,声明形参数组并不意味着真正建立一个包含若干元素的数组,在调用函数时也不对它分配存储单元,只是用 a[] 这样的形式表示 a 是一维数组名,以接收实参传来的地址。因此,a[] 中方括号内的数值并无实际作用,编译系统对一维数组方括号内的内容不予处理。所以形参一维数组的声明中可以写元素个数,也可以不写。

总之,使用变量作函数参数时,只能将实参变量的值传给形参变量,在调用函数过程中如果改变了形参的值,对实参没有影响,即实参的值不因形参的值改变而改变;而用数组名作函数实参时,改变形参数组元素的值将同时改变实参数组元素的值。

6.1.4 变量的作用域和存储类型

变量的作用域,指的是程序中能引用该变量的范围。在 C 语言程序中,根据变量不同的作用域,可以将变量分为局部变量和全局变量。

1. 变量的作用域

局部变量:在函数内部或某个控制块的内部定义的变量称为局部变量,局部变量的有效范围只限于本函数内部,退出函数后,该变量自动失效。局部变量具有的这种特性可以增强各程序模块的独立性。

全局变量:在函数外部定义的变量称为全局变量,全局变量的有效范围从该变量定义的位置开始,直到源文件结束。在同一文件中的所有函数都可以引用全局变量。全局变量具有的这种特性可以增强程序中各函数间的联系。

在一个函数中既可以使用本函数中的局部变量,又可以使用有效的全局变量。

全局变量和局部变量的作用域如图 6-2 所示。

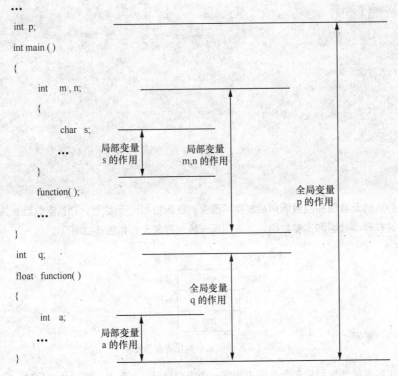

图6-2 全局变量和局部变量的作用域

 说明

（1）主函数 main() 中定义的变量 m,n 的有效范围仅限于 main() 函数。主函数也不能使用其他函数中定义的变量。

（2）不同函数中可以使用同名的变量，它们代表不同的对象，互不干扰。

（3）可以在一个函数内的程序块中定义变量，这些变量只在本程序块中有效。

（4）形式参数也是局部变量。

（5）全局变量的作用是增加函数间数据联系的渠道。

（6）建议不在必要时不要使用全局变量。

【例 6-8】阅读以下程序，理解变量的作用域。

```c
#include <stdio.h>
void store1();
void store2();
void store3();
void Inc_price();
int price=100;
int main()
{
    printf("提价前各连锁店情况：\n");
    store1();
    store2();
```

```
        store3();
        Inc_price();
        printf("提价后各连锁店情况：\n");
        store1();
        store2();
        store3();
        return 0;
    }
    void store1()
    {
        int num=50;
        printf("1 号连锁店的价格为%d,库存为%d\n",price,num);
    }
    void store2()
    {
        int num=80;
        printf("2 号连锁店的价格为%d,库存为%d\n",price,num);
    }
    void store3()
    {
        int num=90;
        printf("3 号连锁店的价格为%d, 库存为%d\n",price,num);
    }
    void Inc_price()
    {
        price+=10;
    }
```

程序运行结果：

```
提价前各连锁店情况：
1 号连锁店的价格为 100,库存为 50
2 号连锁店的价格为 100,库存为 80
3 号连锁店的价格为 100,库存为 90
提价后各连锁店情况：
1 号连锁店的价格为 110,库存为 50
2 号连锁店的价格为 110,库存为 80
3 号连锁店的价格为 110,库存为 90
```

在上面的程序中，局部变量的有效范围由包含变量的一对大括号所限定。全局变量不属于某个具体的函数，而是属于整个源文件。当全局变量修改时，文件中所有使用该变量的地方都要被修改。

2. 变量的存储类型

变量的存储类型指的是变量的存储属性，它说明变量占用存储空间的区域。在内存中，供用户使用的存储区由程序区、静态存储区和动态存储区 3 部分组成。变量的存储类型有 auto 型、register 型、static 型和 extern 型 4 种。

auto 型变量存储在内存的动态存储区；register 型变量保存在寄存器中；static 型变量和 extern 型变量存储在静态存储区。

局部变量的存储类型默认值为 auto 型，全局变量的存储类型默认值为 extern 型。

auto 型和 register 型只用于定义局部变量。

static 型既可以定义局部变量，又可以全局变量。定义局部变量时，局部变量的值将被保留，若定义时没有赋初值，则系统会自动为其赋值为 0；定义全局变量时，其有效范围为它所在的源文件，其他源文件不能使用。

【例 6-9】阅读以下程序，理解 auto 型变量和 static 型变量的区别。

```c
#include <stdio.h>
void add();
int main(){
    printf("第一次调用：\n");
    add();
    printf("第二次调用：\n");
    add();
    return 0;
}
void add()
{
    auto int i=1;
    static int j=1;
    printf("i=%d,j=%d\n",++i,++j);
}
```

程序运行结果：

```
第一次调用：
i=2,j=2
第二次调用：
i=2,j=3
```

函数 add()中的局部变量 i 和 j 分别定义成 auto 型和 static 型的变量，对比两次调用的结果不难发现，变量 i 的值在第二次调用的时候会重新初始化为 1，而变量 j 在第二次调用的时候不再初始化，而是使用上一次调用的值，这就是 static 型变量和 auto 型变量的区别。

任务实现

步骤 1：启动 Visual C++ 6.0。

步骤 2：新建 C 语言源程序文件（Chapter6-1.c）。

步骤 3：在 C 语言源程序文件中，输入如下代码。

任务实现

```c
/*包含头文件*/
#include <stdio.h>
#include<string.h>
#define N 2
/*图书结构体的定义*/
struct Book{
    char ISBN[14];
    char Name[20];
    double Price;
    char Author[20];
    char publish[30];
};
```

```c
/*按图书价格排序图书信息*/
void px(struct Book b[N]){
    int i,j;
    for(i=0;i<N-1;i++){
        for(j=i+1;j<N;j++){
            if(b[i].Price>b[j].Price){
                struct Book t=b[i];
                b[i]=b[j];
                b[j]=t;
            }
        }
    }
}
/*显示所有图书信息*/
void xsAll(struct Book b[N]){
    int i;
    for(i=0;i<N;i++)
    {
        printf("编号：%s\n",b[i].ISBN);
        printf("书名：%s\n",b[i].Name);
        printf("价格：%lf\n",b[i].Price);
        printf("作者：%s\n",b[i].Author);
        printf("出版社：%s\n",b[i].publish);
        printf("------------------------\n");
    }
}
/*显示单本图书信息*/
void xsOne(struct Book b){
    printf("编号：%s\n",b.ISBN);
    printf("书名：%s\n",b.Name);
    printf("价格：%lf\n",b.Price);
    printf("作者：%s\n",b.Author);
    printf("出版社：%s\n",b.publish);
}
/*查找图书信息*/
void cz(struct Book b[N],char inname[20]){
    int i,flag=0;
    for(i=0;i<N;i++){
        if(!strcmp(b[i].Name,inname)){
            xsOne(b[i]);
            flag=1;
        }
    }
    if(flag==0)
        printf("很遗憾！没有找到该书籍");
}
/*主函数*/
int main(){
    int i;
    char name[20];
    struct Book b[N];
    for(i=0;i<N;i++)
```

```
    {
        printf("请输入第%d本图书的信息：\n",i+1);
        printf("编号：");
        scanf("%s",b[i].ISBN);
        printf("书名：");
        scanf("%s",b[i].Name);
        printf("价格：");
        scanf("%lf",&(b[i].Price));
        printf("作者：");
        scanf("%s",b[i].Author);
        printf("出版社：");
        scanf("%s",b[i].publish);
    }
    system("cls");
    printf("--显示图书信息--：\n");
    xsAll(b);
    px(b);
    printf("--价格排序之后--：\n");
    xsAll(b);
    printf("请输入您要查询的书名：\n");
    scanf("%s",name);
    cz(b,name);
    return 0;
}
```

步骤4：编译连接。

步骤5：执行，运行结果如下所示。

任务 **6.2** 购书结算找零

学习目标

- 掌握内部函数和外部函数的定义方法；
- 掌握递归函数的设计和调用方法；
- 了解常用的预处理指令。

函数的递归调用

任务描述

购物结算过程中，通常需要给顾客找零，为提高结算效率，避免错找等情况，结算时需要一个准确、高效的结算找零系统，本任务就是购书结算找零系统，通过任务的实现让读者理解函数调用、递归调用和变量作用域运用。

购书结算找零程序主要是利用了取整与取余运算算法，自动算出找零的金额与数量。超市找零纸币是一定的，分为 50 元、20 元、10 元、5 元和 1 元（1 元以下类似原理），通过计算机输入应收金额，计算每一种零钱纸币应找的数量，从而实现找零功能。

相关知识

6.2.1　内部函数与外部函数

C 语言程序中可以将一个函数或多个函数保存为一个文件，这个文件称为源文件。自定义一个函数，这个函数可以被另外的函数调用。但是，当一个源程序由多个源文件组成时，可以指定函数不能被其他文件调用。因此，C 语言中自定义函数就可以分为内部函数和外部函数两种。

1. 内部函数

内部函数又称为静态函数，它表示在由多个源文件组成的同一个程序中，该函数只能在其所在的文件中使用，在其他文件中不可使用。如果不同源文件中有同名的内部函数，这些同名的函数互不干扰。

内部函数的声明形式：

```
static <返回值类型> <函数名>(<参数>);
```

例如：static int sum(int a,int b);

【例 6-10】阅读以下程序，理解内部函数的使用。

```
#include <stdio.h>
static int sum(int a,int b);
void show(int s);
int main(){
    int x=10,y=20,s;
    s=sum(x,y);
    show(s);
    return 0;
}
static int sum(int a,int b)
```

```
{
    return a+b;
}
void show(int s)
{
    printf("sum=%d\n",s);
}
```

程序运行结果：

```
sum=30
```

程序中使用 static 修饰的 sum()函数只能在其源文件中进行调用，其他文件中都不能调用。

2. 外部函数

若函数的存储类型定义为 extern 型，则称其为外部函数，它表示该函数可以被其他源文件调用。

外部函数的声明形式：

```
extern <返回值类型> <函数名>(<参数>);
```

例如：extern int sum(int a,int b);

【例 6-11】阅读以下程序，理解外部函数的使用。

```
1.file1.c
extern int sum(int a,int b)
{
    return a+b;
}
2.file2.c
extern void show(int s)
{
    printf("sum=%d\n",s);
}
3.example6-11
#include <stdio.h>
extern int sum(int a,int b);
extern void show(int s);
int main(){
    int x=10,y=20,s;
    s=sum(x,y);
    show(s);
    return 0;
}
```

程序运行结果：

```
sum=30
```

 说明

在文件 file1.c、file2.c 中的函数定义可以不需要 extern 加以说明，默认为外部函数。

在 example6-10.c 中对外部函数的声明也可以不用 extern 加以说明，默认为外部函数。

由多个源文件组成一个程序时，main()函数只能出现在一个源文件中。

由多个源文件组成一个程序时，可以用3种方式连接。

（1）将各源文件分别编译成目标文件，得到多个目标文件（.obj 文件），然后用连接命令把多个.obj 文件连接起来，如 tlink example6-10.c+file1.obj+file2.obj。

（2）建立项目文件（.prj 文件或.dsw 文件），具体操作可以参阅 C 语言集成开发环境说明。

（3）使用文件包含命令。具体操作可以参阅本章 6.2.3。

6.2.2 递归函数

在一个函数的定义过程中又直接或间接地调用该函数本身，称为函数的递归调用。C 语言允许函数的递归调用。例如：

```
int f(int x)
{
    int y,z;              //这个函数不合理，y没有值怎么能做函数参数，形参 x 也没使用
    scanf("%d",&y);
    z=f(y);              //在调用函数 f 的过程中，又要调用 f 函数
    return (2*x+y/z);
}
```

以上是直接调用本函数，其调用过程如图 6-3 所示。

图 6-4 表示的是函数间接调用本函数的过程。在调用 f1 函数过程中要调用 f2 函数，而在调用 f2 函数过程中又要调用 f1 函数。

图6-3 递归函数调用   图6-4 函数间接调用本函数的过程

从图上可以看到，这两种递归调用都是无终止的自身调用。显然，程序中不应出现这种无终止的递归调用，而只应出现有限次数的、有终止的递归调用，这可以用 if 语句来控制，只有在某一条件成立时才继续执行递归调用，否则就不再继续。

在 C 语言中，为了防止陷入无限递归调用的状态，避免一些严重错误的发生，对于递归函数的设计，是有严格的数学模型的，并不是所有的问题都可以设计成递归函数。

一个函数能设计成为递归函数，在数学上必须具备以下 2 个条件。

（1）问题的后一部分与原始问题类似。

（2）问题的后一部分是原始问题的简化。

设计递归函数的重点是建立问题的数学模型，一旦建立了正确的递归数学模型，就可以很容易地编写出递归函数。

【例 6-12】编写程序，要求从键盘输入一个正整数 n，计算 $n!$。

分析：$n!$ 的数学表达式为：

$$n! = \begin{cases} 1 & (n = 0.1) \\ n*(n-1)! & (n > 1) \end{cases}$$

从 $n!$ 的数学模型不难看出，它满足数学上递归函数的两个条件：

（1）$(n-1)!$与 $n!$是类似的；

（2）$(n-1)!$是 $n!$计算的简化。

设计递归函数 long fac(int n)用于求 $n!$，算法流程如图 6-5 所示。

程序代码如下所示。

```
#include <stdio.h>
long fac(int);                          //函数声明
int main()
{
    int n;                              //n 为需要求阶乘的整数
    long y;                             //y 为存放 n!的变量
    printf("please input an integer: "); //输入的提示
    scanf("%d",&n);                     //输入 n
    y=fac(n);                           //调用 fac 函数以求 n!
    printf("%d!=%d",n,y);               //输出 n!的值
    return 0;
}
long fac(int n)                         //递归函数
{
    long f;
    if (n==0||n==1)
        f=1;                            //0!和 1!的值为 1
    else
        f=fac(n-1)*n;                   //n>1 时，进行递归调用
    return f;                           //将 f 的值作为函数值返回
}
```

程序运行结果：

```
please input an integer: 10✓
10!=3628800
```

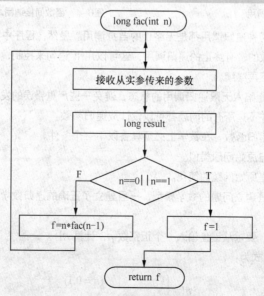

图6-5　函数间接调用本函数的过程

许多问题既可以用递归方法来处理，也可以用非递归方法来处理。在实现递归时，在时间和空间上的开销比较大，但符合人们的思路，程序容易理解。

6.2.3 预处理

在 C 语言中，除了用来完成程序功能的说明语句和可执行语句之外，还有一些编译预处理指令，用来向编译系统发布信息或命令，告诉编译系统在对源程序进行编译之前应做些什么。

所有编译预处理指令都是以"#"开头，占源程序中的一行，一般是放在源程序的首部。需要注意的是：编译预处理不是 C 语句，行末不需加分号。

C 语言提供的预处理指令主要有 3 种：宏定义、文件包含和条件编译。

1. 宏定义

宏定义的作用是用宏名来代替一个字符串，宏名由标识符构成，通常采用大写字母来表示。一旦对字符串命名，就可以在源程序中使用宏名，以达到简化程序书写的目的。C 编译系统在编译之前会将标识符替换成字符串。

宏定义有两种：不带参数的宏和带参数的宏。

（1）不带参数的宏

不带参数的宏定义形式：#define 宏名 字符串

> **说明**
>
> define 是关键字，表示宏定义。
>
> 宏名必须符合标识符的定义，为了区别于变量，宏名一般采用大写字母，如#define PI 3.14159。
>
> 宏的作用：在程序中的任何地方都可以直接使用宏名，编译器会先将程序中的宏名用字符串替换，然后再进行编译。这个过程叫宏替换，宏替换不进行语法检查。
>
> 宏名的有效范围是从定义命令之后，直到源程序文件结束，或遇到宏定义终止命令#undef 为止。

【例 6-13】阅读以下程序，了解不带参数的宏的作用。

```c
#include <stdio.h>
#define TEST "This is a test!"
int main()
{
    printf(TEST);
    printf("\n");
    printf("TEST");
    #undef TEST
    return 0;
}
```

程序运行结果：

```
This is a test!
TEST
```

编译系统遇到 TEST 时，就用"This is a test!"替换，但是如果是字符串中包含宏名则不会进行替换。#undef 命令可以用来终止宏定义的作用域。

（2）带参数的宏

带参数的宏定义形式：#define 宏名(参数表) 字符串

 说 明

字符串应包含参数表中的参数。

宏替换时，是将字符串中的参数用实参表中的参数进行替换。

【例6-14】阅读以下程序，了解带参数的宏的作用。

```c
#include <stdio.h>
#define F(a) a*b
int main()
{
    int x=4,y=5;
    int b,z;
    b=(x-y);
    z=F(x+y);
    printf("b=%d\nF(x+y)=%d\n",b,z);
    return 0;
}
```

程序运行结果：

```
b=-1
F(x+y)=-1
```

这个程序的结果可能并不是我们想要的，因为 z=F(x+y)语句在编译之前会被替换成 z=x+y*b;，其结果自然就是-1。如果我们希望将 z=F(x+y)替换成 z=(x+y)*b，那么我们之前宏定义要改写成：#define F(a) (a)*b，这样就可以避免二义性。

2. 文件包含

在一个源文件中使用#include 指令可以将另一个源文件的全部内容包含进来，也就是将另外的文件包含到本文件之中。在对源文件进行编译之前，用包含文件的内容取代该预处理命令。

文件包含命令的一般形式为：

```
#include <包含文件名>
```

或

```
#include "包含文件名"
```

 说 明

（1）include 是命令关键字，表示文件包含，一个 include 命令只能包含一个文件。

（2）<>表示被包含文件在标准目录中。

（3）""表示被包含文件在指定的目录中。如果文件名不带路径，则在当前目录中查找，若找不到，再到标准目录中寻找。

（4）包含文件名可以是.c 源文件或.h 头文件。

【例 6-15】阅读以下程序，理解文件包含命令的作用。

```
1.file1.c
int sum(int a,int b)
{
    return a+b;
}
2.file2.c
int dif(int x,int y)
{
    return x-y;
}
3.example6-14.c
#include <stdio.h>
#include "file1.c"
#include "file2.c"
int main(){
    int result;
    result=sum(9,5)*dif(9,5);
    printf("result=%d\n",result);
    return 0;
}
```

程序运行结果：

```
result=56
```

3. 条件编译

一般情况下，源程序中所有的行都参加编译，但是有时希望部分代码行在满足一定条件时才进行编译，这时就需要使用一些条件编译命令。

（1）#if 指令，用于判断是否满足给定条件的编译形式。主要包含以下形式：

```
#if<表达式>
    语句段 1
[#else
    语句段 2]
#endif
```

作用：如果"表达式"的值为真，则编译"语句段 1"，否则编译"语句段 2"，方括号表示可以默认，不论是否有#else，#endif 都是必不可少的。另外一种形式：

```
#if<表达式 1>
    语句段 1
#else if <表达式 2>
    语句段 2
#else
    语句段 3
#endif
```

其作用与 if 分支语句相似，只要符合嵌套规则就可以，但是这里是条件编译，只有符合条件的代码段才能被编译。

（2）#ifdef 和#ifndef 指令：用于判断是否有宏定义的条件编译。

```
#ifdef 的一般形式：
    #ifdef 宏名
        语句段
    #endif
```

如果在此之前已经定义了这样的宏名，则编译语句段。

```
#ifndef 的一般形式
    #ifndef 宏名
        语句段
    #endif
```

如果在此之前没有定义这样的宏名，则编译语句段。

任务实现

步骤 1：启动 Visual C++ 6.0。

步骤 2：新建 C 语言源程序文件（Chapter6-2.c）。

步骤 3：在 C 语言源程序文件中，输入如下代码。

```c
#include <stdio.h>
#include <string.h>
void zl(int a,int b,int k[8],int many[8])
{
    int i;
    if(a==b)
        return;
    for(i=0;i<8;i++){
        if(b-many[i]<a)
            continue;
        b-=many[i];
        k[i]++;
    }
    zl(a,b,k,many);
}
int main(){
    int i;
    int a,b;
    //使用 float 计算可能有误差，所以我们将数值乘以 10 转化成整型。
    int many[8]={1000,500,200,100,50,10,5,1};
    int k[8]={0};
    double fa,fb;
    printf("请输入应收金额:");
    scanf("%lf",&fa);
    printf("请输入实收金额:");
    scanf("%lf",&fb);
    a=fa*10,b=fb*10;
    printf("输出应找零信息\n");
    zl(a,b,k,many);
    for(i=0;i<8;i++)
```

```
        printf("%.2f 元需要: %d\n",many[i]/10.0,k[i]);
    return 0;
}
```

步骤 4：编译连接。

步骤 5：执行，运行结果如下所示。

```
请输入应收金额: 213.30
请输入实收金额: 300
输出应找零信息
100.00 元需要: 0
50.00 元需要: 1
20.00 元需要: 1
10.00 元需要: 1
5.00 元需要: 1
1.00 元需要: 1
0.50 元需要: 1
0.10 元需要: 2
```

项目实战——会员与非会员购书结算处理

在本节中，我们将以图书超市收银系统的购书结算处理功能设计为例，对本章的内容进行详细的解释。

第一步：添加头文件。

```
#include <stdio.h>
#include <conio.h>
#include <string.h>
#include <stdlib.h>
```

第二步：图书结构定义，与上章中类似。

```
struct Book{
    int buy;
    char ISBN[14];
    char Name[20];
    double Price;
    char Author[20];
    char publish[30];

    Book(){
        buy=0;
        strcpy(ISBN,"空");
        strcpy(Name,"未知书名");
        Price=0.0;
        strcpy(Author,"未知作者");
        strcpy(publish,"未知出版社");
    }
};
```

第三步：定义图书数量。

```
static int counter=0;
```

第四步：输入会员号。

```
char* VIP(){
    system("cls");
    char VIPid[10];
    printf("会员登录\n\n");
    printf("请输入您的会员号:");
    scanf("%s",VIPid);
    return VIPid;
}
```

第五步：会员与非会员购书结算。

（1）会员购书结算处理。

```
double Checkout(Book book[100],float Percent){
    double sum=0;
    for(;;){
        system("cls");
        char in_ISBN[14];
        bool k=false;
        printf("会员结账\n\n");
        printf("请输入你要购买的图书编号: ");
        scanf("%s",in_ISBN);
        for(int i=0;i<100;i++){
            if(!strcmp(book[i].ISBN,in_ISBN)){
                printf("请输入购买数量: ");
                int in_buy;
                scanf("%d",&in_buy);
                book[i].buy+=in_buy;
                printf("编号\t书名\t价格\t作者\t出版社\t数量\n");
                for(int j=0;j<counter;j++){
                    if(book[j].buy!=0){
                        printf("%s\t",book[j].ISBN);
                        printf("%s\t",book[j].Name);
                        printf("%.2lf\t",book[j].Price);
                        printf("%s\t",book[j].Author);
                        printf("%s\t",book[j].publish);
                        printf("%d\n",book[j].buy);
                    }
                }
                printf("-----------------------------------\n");
                sum+=book[i].Price*book[i].buy;
                printf("结账信息  总价格: %.2lf  会员价: %.2lf\n",sum,sum*Percent);
                k=true;
                break;
            }
        }
        if(!k){
            printf("未发现该书籍\n");
            printf("是否继续选择图书? Y/N\n");
            char opt;
```

```
            scanf("%c%c",&opt,&opt);
            if(opt=='n'||opt=='N')
                return 0;
            continue;
        }
        printf("是否继续选择图书? Y/N\n");
        char opt;
        scanf("%c%c",&opt,&opt);
        if(opt=='n'||opt=='N'){
            printf("确认结账? Y/N\n");
            char opt;
            scanf("%c%c",&opt,&opt);
            if(opt=='n'||opt=='N'){
                for(int j=0;j<counter;j++){
                    book[j].buy=0;
                }
                return 0;
            }
            return 1;
        }
    }
}
```

（2）非会员购书结算处理。

```
double Checkout(Book book[100]){
    double sum=0;
    for(;;){
        system("cls");
        char in_ISBN[14];
        bool k=false;
        printf("非会员结账\n\n");
        printf("请输入你要购买的图书编号: ");
        scanf("%s",in_ISBN);
        for(int i=0;i<100;i++){
            if(!strcmp(book[i].ISBN,in_ISBN)){
                printf("请输入购买数量: ");
                int in_buy;
                scanf("%d",&in_buy);
                book[i].buy+=in_buy;
                printf("编号\t书名\t价格\t作者\t出版社\t数量\n");
                for(int j=0;j<counter;j++){
                    if(book[j].buy!=0){
                        printf("%s\t",book[j].ISBN);
                        printf("%s\t",book[j].Name);
                        printf("%.2lf\t",book[j].Price);
                        printf("%s\t",book[j].Author);
                        printf("%s\t",book[j].publish);
                        printf("%d\n",book[j].buy);
                    }
                }
```

```
                    printf("-------------------------------------\n");
                    sum+=book[i].Price*book[i].buy;
                    printf("结账信息              总价格：%.2lf\n",sum);
                    k=true;
                    break;
                }
            }
            if(!k){
                printf("未发现该书籍\n");
                printf("是否继续选择图书？Y/N\n");
                char opt;
                scanf("%c%c",&opt,&opt);
                if(opt=='n'||opt=='N')
                    return 0;
                continue;
            }
            printf("是否继续选择图书？Y/N\n");
            char opt;
            scanf("%c%c",&opt,&opt);
            if(opt=='n'||opt=='N'){
                printf("确认结账？Y/N\n");
                char opt;
                scanf("%c%c",&opt,&opt);
                if(opt=='n'||opt=='N'){
                    for(int j=0;j<counter;j++){
                        book[j].buy=0;
                    }
                    return 0;
                }
                return 1;
            }
        }
    }
}
```

第六步：主函数逻辑处理。

```
int main(){
    Book book[100];
for(;;){
    printf("图书超市管理系统 v1.0\n\n");
    printf("1.图书基本信息管理\n");
    printf("2.购书结算处理\n");
    printf("3.售书历史记录\n");
    printf("0.退出系统\n");
    printf("\n请输入您要进行的操作:");
    char ch;
    scanf("%c",&ch);
    switch(ch){
    case '1':
        for(;;){
```

```
system("cls");
printf("图书基本信息管理\n\n");
printf("1.增加图书\n");
printf("2.删除图书\n");
printf("3.修改图书\n");
printf("4.查找图书\n");
printf("5.一览图书\n");
printf("0.返回首页\n");
printf("\n请输入您要进行的操作:");
char ch2;
scanf("%c",&ch2);
if(ch2=='0')
    break;
switch(ch2){
case '1':
    for(;;){
        system("cls");
        printf("增加图书\n\n");
        printf("请输入编号: \n");
        scanf("%s",book[counter].ISBN);
        printf("请输入书名: \n");
        scanf("%s",book[counter].Name);
        printf("请输入价格: \n");
        scanf("%lf",&book[counter].Price);
        printf("请输入作者: \n");
        scanf("%s",book[counter].Author);
        printf("请输入出版社: \n");
        scanf("%s",book[counter].publish);
        counter++;
        printf("是否继续增加?Y/N\n");
        char opt;
        //因为scanf在接受%s的时候会遗留一个\0所以我们需要接受2次
        scanf("%c%c",&opt,&opt);
        if(opt=='n'||opt=='N')
            break;
    }
    break;
case '5':
    system("cls");
    for(int i=0;i<counter;i++){
        printf("编号: %s\n",book[i].ISBN);
        printf("书名: %s\n",book[i].Name);
        printf("价格: %.2lf\n",book[i].Price);
        printf("作者: %s\n",book[i].Author);
        printf("出版社: %s\n",book[i].publish);
        printf("---------------------------------\n");
    }
    system("pause");
```

```
            }
        }
        break;
    case '2':
        for(;;){
            system("cls");
            printf("购书结算处理\n\n");
            printf("1.会员登录\n");
            printf("2.非会员进入\n");
            printf("0.返回\n");
            printf("\n请输入您要进行的操作:");
            char ch2;
            scanf("%c%c",&ch2,&ch2);
            if(ch2=='0')
                break;
            system("cls");
            if(ch2=='1'){
                    char VipId[30];
                    strcpy(VipId,VIP());
                    if(Checkout(book,0.5)){
                        system("cls");
                        printf("购买成功\n");
                        system("pause");
                        break;
                    }
            }else{
                if(Checkout(book)){
                    system("cls");
                    printf("购买成功\n");
                    system("pause");
                    break;
                }
            }
        }
        break;

    case '0':
        goto end;
    }
    system("cls");
}
end:
    system("cls");
    printf("感谢您使用本软件，该软件为教学版本功能尚不完善。");
    _getch();
return 0;
}
```

项目小结

本项目详细介绍了在 C 语言程序中定义函数和调用函数的方法。在 C 语言程序中使用函数，可以增强程序的可读性，可以简化程序代码，实现模块化编程。

（1）函数主要有无参函数和有参函数两种，在调用时强调函数返回值应与函数类型说明一致，若无返回值应定义为 void 类型。

（2）在数组作函数参数时，有两种形式，一种是数组元素作函数实参，用法与变量相同，另一种是数组名作函数实参和形参，传递的是数组的首地址。

递归函数在设计时一定要有可使递归结束的条件，否则会使程序产生无限递归。

预处理指令中的文件包含、宏定义和条件编译都是由"#"号开头，它们不是 C 语言中的语句。使用预处理命令要注意：

（1）宏定义的末尾不能使用分号";"。

（2）有参数的宏定义，需区分参数加括号和不加括号的不同。

习题六

一、单选题

1. 按 C 语言的规定，以下不正确的说法是（　　）。

    A. 实参可以是常量、变量或表达式　　B. 形参可以是常量、变量或表达式

    C. 实参可以为任意类型　　D. 形参应与其对应的实参类型一致

2. 以下正确的函数定义形式是（　　）。

    A. double fun(int x,int y)　　B. double fun(int x;int y)

    C. double fun(int x,y)　　D. double fun(int x,y；)

3. 在一个源文件中定义的全局变量的作用域为（　　）。

    A. 本文件的全部范围　　B. 本程序的全部范围

    C. 本函数的全部范围　　D. 从定义该变量的位置开始至本文件结束为止

4. C 语言规定，调用一个函数时，实参变量和形参变量之间的数据传递是（　　）。

    A. 地址传递

    B. 值传递

    C. 由实参传给形参，并由形参回传给实参

    D. 由用户指定传递方式

5. 以下描述不正确的是（　　）。

    A. 调用函数时，实参可以是表达式

    B. 调用函数时，实参与形参可以共用内存单元

    C. 调用函数时，将为形参分配内存单元

    D. 调用函数时，实参与形参的类型必须一致

6. 如果在一个函数中的复合语句中定义了一个变量，则该变量（　　）。

    A. 只在该复合语句中有效　　B. 在该函数中有效

    C. 在本程序范围内有效　　D. 为非法变量

二、填空题

1. C 语言中，若程序中使用数学函数，则在程序中应该引用头文件_____。

2. C 语言允许函数值类型默认定义，此时该函数值隐含的类型是_____型。

3. C 语言规定，函数返回值的类型是由_____决定的。

4. 如果函数值的类型与返回值类型不一致时，应该以_____为准。

5. 函数定义中返回值类型定义为 void 的意思是_____。

6. 在函数外部定义的变量是_____变量，形式参数是_____局部变量。

7. 函数调用语句 fun((exp1,exp2),(exp3,exp4,exp5));中含有_____个参数。

8. 如果函数 funA 中又调用函数 funA，称_____递归。如果函数 funA 中调用了函数 funB，函数 funB 中又调用了函数 funA，称_____递归。

三、阅读下面的程序，写出程序运行结果。

1.
```c
#include <stdio.h>
int fun(int a,int b)
{
    int c;
    c=a+b;
    return c;
}
void main()
{
    int x=5,z;
    z=fun(x+4,x);
    printf("%d",z);
}
```
运行结果：_____

2.
```c
#include <stdio.h>
int max(int a[],int n)
{
    int i,mx;
    mx=a[0];
    for(i=1;i<n;i++)
        if(a[i]>mx)mx=a[i];
    return mx;
}
```
运行结果：_____

3.
```c
#include"stdio.h"
int func(int x,int y)
{
    int z;
    z=x+y;
```

```
        return z++;
    }
    void main()
    {
    int i=3,j=2,k=1;
    do
    {
     k+=func(i,j);
     printf("%d\n",k);
     i++;
     j++;
     }while(i<=5)
    }
```

运行结果：_____。

四、编程题

1. VIP 会员的判断函数：boolisVIP() 需要根据接收客户输入的用户名和密码，来判断客户是否是 VIP 会员，这一功能如何实现？

2. VIP 会员的购书结算函数：double Checkout(Book book[100],float Percent)增加了一个参数：折扣，相对于非会员的购书结算，这一参数应该如何利用？

3. 能否设计一个函数，使它能够实现复数的加法？

4. 选择排序，我们读入 10 个整数到数组 a 中，将 a 作为参数传递给 select_sort 函数，然后将数组 a 中的元素输出。select_sort 函数实现的排序算法是选择排序法，所谓选择排序，就是先将 10 个数中最小的数与 a [0] 对换；再将 a [1] 到 a [9] 中最小的数与 a [1] 对换……每比较一轮，找出一个未经排序的数中最小的一个。

5. 输入一行字符，设计一个函数分别统计出其中英文字母、空格、数字和其他字符的个数。

6. 设计一个函数求出所有的"水仙花数"，所谓"水仙花数"是指一个三位数，其各位数字立方和等于该数本身。

7. 设计一个函数求一球从 100 米高度自由落下，每次落地后反跳回原高度的一半；再落下，求它在第 10 次落地时，共经过多少米？第 10 次反弹多高？

8. 编写程序，求下列公式 P 的值，其中编写函数 fun 实现求一个正整数的阶乘。

$$P = \frac{m!}{n!(m-n)!}$$

例如，m=12，n=8 时，运行结果为 495.000000。

9. 编写程序，定义函数 fun，实现如下功能：找出一个大于给定整数 m 且紧随 m 的素数，并作为函数值返回。

10. 在主函数定义一个结构体数组存放全班 N 名学生的学号、姓名和 C 语言成绩，请编写函数实现如下功能：把低于平均分的学生数据放入 b 所指的数组中，低于平均分的学生人数通过形参 n 传回，平均分通过函数值返回。在主函数中输出平均分和低于平均分的学生记录。

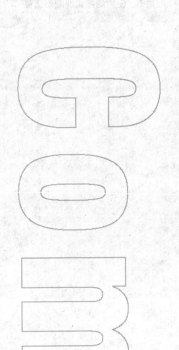

Chapter

7

项目 7
使用指针编辑图书信息

在 C 语言中，利用指针可以有效地访问复杂的数据结构，可以动态分配内存，可以使程序更清晰，代码更紧凑、运行更高效。本项目利用动态结构数组实现图书信息的编辑管理，即采用结构数组并能根据数据量的大小动态分配数组空间的大小，实现图书信息的录入、修改和删除等功能。

任务 7.1 按价格排序图书

学习目标

- 理解指针的概念；
- 掌握指针变量的使用方法；
- 掌握指针变量的引用方法；
- 掌握指针变量的基本运算。

指针

任务描述

　　在结构化程序设计中，程序模块的共享性是程序设计中非常重要的方面。图书信息可通过数组来存储，也可以通过把数组定义成全局变量实现共享。但使用数组存储数据，其访问速度低于通过内存地址访问。使用指针来处理数据，可以提高程序的编译效率和执行速度。同时通过指针可以使用主调函数和被调函数之间的共享变量或数据结构，便于实现双向数据通信。本任务利用指针实现按价格排序 3 本图书。

相关知识

7.1.1　指针的概念

　　在 C 语言中，指针被用来表示内存单元的地址，如果把这个地址用一个变量来保存，则这个变量就称为指针变量。指针变量也有不同的类型，用来保存不同类型变量的地址。严格地说，指针与指针变量是不同的，为了叙述方便，常常把指针变量就称为指针。

　　内存是计算机用于存储数据的存储器，以一个字节作为存储单元，为了能正确地访问内存单元，必须为每个内存单元编号，这个编号就称为该单元的地址。如果将一个旅店比喻成内存，则旅店的房间就是内存单元，房间号码就是该单元的地址。

　　假设有：int　i=-5;

　　　　　　char　ch='A';

　　　　　　float　x=7.34;

　　则变量 i，ch，x 占用内存单元的情况如图 7-1 所示。

　　实际的存储地址可能与图 7-1 不同，变量占用内存空间的大小与编译环境有关，大多数编译器除了整型变量外，其他类型的变量占用内存单元的数量是不变的，如图 7-1 所示的变量占用内存单元中，不同的编译环境分配给整型变量 i 的内存空间有可能是不同的，有的只分配 2 个单元，有的分配 4 个单元；字符型变量 ch 只占 1 个单元；而单精度浮点型变量 x 占用 4 个单元。

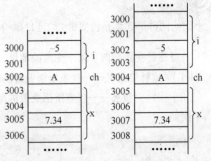

(a) 整型变量占 2 个字节　(b) 整型变量占 4 个字节

图7-1　不同类型的变量占用内存的情况

7.1.2 指针变量的定义

定义指针变量的一般形式为：

【存储类型】数据类型 *指针变量名【=初始值】；

（1）存储类型是指针变量本身的存储类型，与前面介绍过的相同，可分为 register 型、static 型、extern 型和 auto 型 4 种类型，若缺省则为 auto 型。

（2）数据类型是指该指针可以指向的数据类型。

（3）*表示后面的变量是指针变量。

（4）初始值通常为某个变量名的地址或为 NULL，不要将内存中的某个地址值作为初始地址值，如

  int a,*p=&a; /* p 为指向整型变量的指针，p 指向了变量 a 的地址 */

  char *s=NULL; /* s 为指向字符型变量的指针，s 指向一个空地址 */

  float *t; /* t 为指向单精度浮点型变量的指针*/

  指针变量的值是某个变量的地址，因为地址是内存单元的编号，每一个在生命周期内的变量在内存中都有一个单独的编号（亦即变量的地址），这个地址不会因为其变量值的变化而变化。

通常用无符号的长整型来表示内存单元编号，也就是说，指针变量的值用无符号的长整型（unsigned long ing）来表示。

需要注意的是，指针变量所指的值和变量的值是两个完全不同的概念。

7.1.3 指针变量的使用

指针变量定义之后，必须将其与某个变量的地址相关联才能使用。

可以通过赋值的方式将指针变量与简单变量相关联，指针变量的赋值方式为：

<指针变量名>=&<普通变量名>；

例如：int i,*p;

   p=&i;

   或 int i,*p=&i;

注 意

上面的两种形式都是将变量 i 的地址赋给指针 p。若写成 int *p=NULL;则表示 p 不指向任何存储单元。

一旦指针变量指向了某个变量的地址，就可以引用该指针变量，引用方式为：

（1）*指针变量名——代表所指变量的值；

（2）指针变量名——代表所指变量的地址。

例如：

```
int i, *p;
float x,*t;
p=&i;          /* 指针 p 指向了变量 i 的地址 */
t=&x;          /* 指针 t 指向了变量 x 的地址 */
*p=3;          /* 相当于 i=3 */
*t=12.34;      /*相当于 x=12.34 */
```

变量及指针的存储关系如图 7-2 所示。

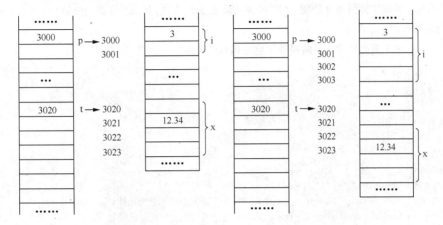

(a) 整型变量占 2 个字节   (b) 整型变量占 4 个字节

图7-2 变量与指针的存储关系

在上面的表达式中，p、&i 都表示变量 i 的地址，*p、i 都表示变量 i 的值。

另外，&(*p) 也可以表示变量 i 的地址，*(&i) 也可以表示变量 i 的值，但一般不这么使用。图 7-2（a）和图 7-2（b）所示分别为不同的编译环境为整型变量分配的内存空间。

7.1.4 指针变量与简单变量的关系

一旦指针变量指向了某个简单变量的地址，改变简单变量的值就可以有 3 个途径，但变量的地址值是不允许改变的。

【例 7-1】通过指针变量访问整型变量。

```
#include <stdio.h>
int main()
{
    int a,b,t;                      //定义整型变量 a,b
    int *p1,*p2;                    //定义指针变量*p1,*p2
    a=100;b=10;                     //对 a,b 赋值
    p1=&a;                          //把变量 a 的地址赋给 p1
    p2=&b;                          //把变量 a 的地址赋给 p2
    printf("%d %d\n",a,b);          //输出 a 和 b 的值
    printf("%d %d\n",*p1,*p2);      //输出*p1 和*p2 的值
    t=*p1;
    *p1=*p2;
    *p2=t;
    printf("%d %d\n",a,b);          //输出 a 和 b 的值
    printf("%d %d\n",*p1,*p2);      //输出*p1 和*p2 的值
    return 0;
}
```

运行结果：

```
100 10                             //a 和 b 的值
100 10                             //*p1 和*p2 的值
10 100                             //交换后 a 和 b 的值
10 100                             //交换后*p1 和*p2 的值
```

在上例中，通过 p1=&a;与 p2=&b;这两行语句，建立起了 p1、p2、a、b 之间的关联，p1 指向 a，p2 指向 b，那么*p1 的值实际就是 a 的值，*p2 的值实际就是 b 的值。因此，当我们交换*p1 与*p2 的值之后，a 与 b 的值也同时发生了改变。

【例 7-2】阅读下面的程序，了解简单变量与指针的关系。

```c
#include <stdio.h>
int main()
{
    int x=10,*p;
    float y=234.5,*fp;
    p=&x;
    fp=&y;
    printf("x=%d\t\ty=%f\n",x,y);     /*输出变量的值 */
    printf("p=%lu\tfp=%lu\n",p,fp);   /* 按十进制输出变量的地址 */
    printf("p=%o\tfp=%o\n",p,fp);     /* 按十六进制输出变量的地址 */
    /*改变指针变量所指的值: */
    *p=*p+10;
    *fp=*fp+10;
    printf("------------------------------\n");
    printf("x=%d\t\ty=%f\n",x,y);     /* 输出变量的值 */
    printf("p=%lu\tfp=%lu\n",p,fp);   /* 按十进制输出变量的地址 */
    printf("p=%o\tfp=%o\n",p,fp);     /* 按十六进制输出变量的地址 */
    return 0;
}
```

程序运行结果:

```
x=10          y=234.500000
p=1245052     fp=1245044
p=0012FF7C    fp=0012FF74
------------------------------
x=20          y=244.500000
p=1245052     fp=1245044
p=0012FF7C    fp=0012FF74
```

由程序的运行结果可以看出，指针的值可以用无符号的长整型输出，也可以用十六进制来表示，因为指针的值代表的就是变量的地址。请分析指针的值和指针所指变量的值的变化，理解指针的作用和指针与变量的关系。

要避免在没有对指针变量赋值的情况下，就使用指针变量，这样会导致数据的不确定，请看下面的例子。

【例 7-3】下面是一个有问题的程序，请分析错误的原因。

```c
#include <stdio.h>
int main()
{
    int *p,*s,a;
    a=*p+*s;
    printf("a=%d\np=%lu\ns=%lu",a,p,s);
    return 0;
}
```

程序编译时会有警告，提示指针变量 p 和 s 没有初始化，但还是可以执行的，并且程序在不同的环境中有不同的结果，如表 7-1 所示。

表 7-1 程序在不同环境下的运行结果

开发环境	运行结果
Visual c++6.0	无结果（程序非正常结束）
Borland c++5.0	无结果（程序非正常结束）
Turbo C 2.0	a=1142 p=150275190 s=150276348

需要指出的是，在 Turbo C 2.0 的环境下程序的执行结果是随机的，是不能预先确定的，更不是正确的结果。

7.1.5 指针的运算

指针本身也可以参与运算，由于这种运算是地址的运算，而不是简单变量的运算，因此有其特殊的含义。

1. 指针的算术运算

指针的算术运算通常只限于算术运算符的+、−、++、−−或关系运算符。

+、++代表指针向前移。

−、−−代表指针向后移。

设 p、q 为某种类型的指针变量，n 为整型变量。

则 p+n、p++、++p、p−−、−−p 和 p−n 的运算结果仍为指针。

例如：

```
int a=3,*p=&a;
```

假如 a 的地址为 3000，则 p=3000，变量 a 与指针 p 的存储关系如图 7-3（a）所示。执行语句：p=p+1后，表示指针 p 向前移动一个位置。如果整型变量 a 是占用 2 个字节，则 p 的值为 3002，而不是 3001，如图 7-3（b）所示；如果整型变量 a 是占用 4 个字节，则 p 的值为 3004，如图 7-3（c）所示。

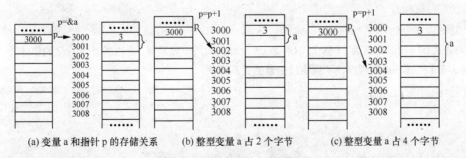

(a) 变量 a 和指针 p 的存储关系　　(b) 整型变量 a 占 2 个字节　　(c) 整型变量 a 占 4 个字节

图7-3 变量a与指针p的存储关系

从图 7-3 可以看出，p 的值是发生了变化，它表示指针 p 向前移到了下一个变量的存储单元，但指针所指的值是无法确定的，因此，如果在程序中再引用*p，则*p 值是未知的。

【例 7-4】阅读下面的程序，了解指针的值的变化。

```c
#include <stdio.h>
int main()
{
    int i=108,*pi=&i;
    double f=12.34,*pf=&f;
    long l=123,*pl=&l;
    printf("1:--------------------------\n");
    printf("*pi=%d,\t\tpi=%lu\n",*pi,pi);
    printf("*(pi+1)=%d,\tpi+1=%lu\n",*(pi+1),pi+1);
    printf("2:--------------------------\n");
    printf("*pf=%lf,\tpf=%lu\n",*pf,pf);
    pf++;
    printf("*pf=%lf,\tpf=%lu\n",*pf,pf);
    printf("3:--------------------------\n");
    printf("*pl=%lf,\tpl=%lu\n",*pl,pl);
    pl--;
    printf("*pl=%lf,\tpl=%lu\n",*pl,pl);
    return 0;
}
```

程序运行结果：

```
1:------------------------------------
*pi=108,        pi=1703740
*(pi+1)=1703808,pi+1=1703744
2:------------------------------------
*pf=12.340000,   pf=1703728
*pf=0.000000,    pf=1703746
3:------------------------------------
*pl=0.000000,    pl=4199104
*pl=0.000000, sss  pl=4199104
```

根据程序的运行结果，请分析指针与变量的关系，了解指针移动的作用和效果。

2. 指针的关系运算

两指针之间的关系运算是比较两个指针所指向的地址关系，假设有：

```c
int a,*p1,*p2;
p1=&a;
```

则表达式 p1==p2 的值为 0（假），只有当 p1，p2 指向同一元素时，表达式 p1==p2 的值才为 1（真）。

【例 7-5】阅读下面的程序，了解指针变量的关系运算。

```c
#include <stdio.h>
int main()
{
    int a,b,*p1=&a,*p2=&b;
    printf("The result of (p1==p2) is %d\n",p1==p2);
    p2=&a;
    printf("The result of (p1==p2) is %d\n",p1==p2);
    return 0;
}
```

程序运行结果：

```
The result of (p1==p2) is 0
The result of (p1==p2) is 1
```

任务实现

步骤 1：启动 Visual C++ 6.0。

步骤 2：新建 C 语言源程序文件（Chapter7-1.c）。

步骤 3：在 C 语言源程序文件中，输入如下代码。

```c
#include <stdio.h>
void swap(double *p1,double *p2);/*声明两个数的比较和交换函数 */
void exchange(double *q1,double *q2,double *q3);/*声明 3 个数交换和排序的函数*/
int main()
{
    double f1,f2,f3,*p1,*p2,*p3;
    printf("请输入 1 本图书的价格：");
    scanf("%lf",&f1);
    printf("请输入 2 本图书的价格：");
    scanf("%lf",&f2);
    printf("请输入 3 本图书的价格：");
    scanf("%lf",&f3);
    p1=&f1;                          /*为指针变量赋值*/
    p2=&f2;
    p3=&f3;
    printf("排序前图书价格为：");
    printf("%lf,%lf,%lf\n",f1,f2,f3);
    exchange(p1,p2,p3);              /*调用事先编好的函数 exchange()来实现排序*/
    printf("排序后图书价格为：");
    printf("%lf,%lf,%lf\n",f1,f2,f3);
    return 0;
}
void swap(double *p1,double *p2)        /*实现两个数的比较和交换函数 */
{
    double temp;
    temp=*p1;
    *p1=*p2;
    *p2=temp;
}
void exchange(double *q1,double *q2,double *q3)/*声明 3 个数交换和排序的函数*/
{
    if(*q1<*q2)swap(q1,q2);/*当满足条件时，调用 swap()函数排序*/
    if(*q1<*q3)swap(q1,q3);
    if(*q2<*q3)swap(q2,q3);
}
```

步骤 4：编译连接。

步骤 5：执行，运行结果如下所示。

请输入 1 本图书的价格：50.00
请输入 2 本图书的价格：32.00
请输入 3 本图书的价格：68.00
排序前图书价格为：50.000000,32.000000,68.000000
排序后图书价格为：68.000000,50.000000,32.000000

任务 7.2　计算购书总价格

学习目标

- 掌握指针与数组的使用方法；
- 理解字符串指针；
- 掌握指针数组的使用。

任务描述

　　图书信息可通过数组来存储，也可以通过把数组定义成全局变量实现共享。但使用数组存储数据，要求创建时就要设定数组的大小。当数据量远小于数组长度时，就造成了内存空间的浪费；当数据量大于数组长度时，多的数据无法存储。而且访问大量的数组数据时，其访问速度低于通过内存地址访问。使用指针来处理数据，可以提高程序的编译效率和执行速度。指针可以实现动态的存储分配，而且便于表示各种数据结构，以编写高质量的程序。本任务利用指针数组实现计算购书总价格。

相关知识

7.2.1　指向数组的指针

　　每一个不同类型的变量在内存中都有一个具体的地址，数组也一样，并且数组中的元素在内存中是连续存放的，数组名就代表了数组的首地址。指针存放地址的值，因此，指针也可以指向数组元素。指向数组的指针称为数组指针。

　　C 语言规定数组名就是数组的首地址。例如：

```
int a[5],*p;
p=a;  /* 指针 p 指向数组的首地址 */
```

　　数组 a 有 5 个元素，在内存中是按顺序存放的，a[0]是第 1 个元素，&a[0]就代表了数组元素的首地址。指针 p 与数组 a 的存储关系如图 7-4 所示。

　　从图 7-4 可以看出，一维数组 a 的地址可用 p、a、&a[0]来表示，一维数组 a 中下标为 i 的元素分别可以用*（a+i）、*（p+i）、a[i]、p[i]来引用。

注意

　　自增（++）和自减(−−)运算符不可以用于数组名，即 a++、a−−、++a、−−a 都是不允许的，因为数组名 a 为作首地址在内存中的位置是不会改变的；但 p++、p−−、++p、−−p 是允许的，因为 p 是指针变量。

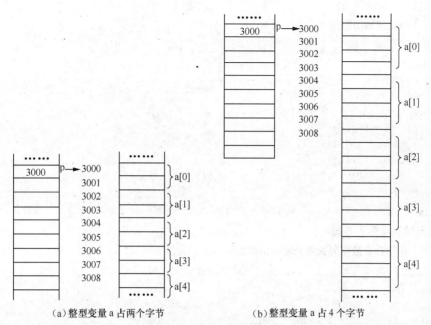

（a）整型变量 a 占两个字节   （b）整型变量 a 占 4 个字节

图7-4   指针与数组a的关系

关于指针 p 与数组 a 的关系如表 7-2 所示。

表 7-2   指针 p 与一维数组 a 的关系

地址描述	意义	数组元素描述	意义
a、&a[0]、p	a 的首地址	*a、a[0]、*p	数组元素 a[0]的值
a+1、p+1、&a[1]	a[1]的地址	*(a+1)、*(p+1)、a[1]、*++p	数组元素 a[1]的值
a+i、p+i、&a[0]+i、&a[i]	a[i]的地址	*(a+i)、*(p+i)、a[i]、p[i]	数组元素 a[i]的值

表 7-2 所示的每一种情况都是假定指针 p 指向数组首地址的情况，实际情况依当时指针 p 的指向而变化。

【例 7-6】假设有一个整型数组 a，有 10 个元素。要输出各元素的值：采用下标法输出数组中的全部元素。

```c
#include <stdio.h>
int main()
{
    int a[10];
    int i;
    for(i=0;i<10;i++)
        scanf("%d",&a[i]);            //引用数组元素 a[i]
    for(i=0;i<10;i++)
        printf("%d ",a[i]);           //引用数组元素 a[i]
    return 0;
}
```

程序运行结果：

```
9 8 7 6 5 4 3 2 1 0✓           //输入 10 个元素的值
9 8 7 6 5 4 3 2 1 0            //输出 10 个元素的值
```

【例 7-7】指针法输出数组中的全部元素。

```
#include <stdio.h>
int main()
{
    int a[10];
    int i;
    for(i=0;i<10;i++)
        scanf("%d",&a[i]);              //引用数组元素a[i]
    for(i=0;i<10;i++)
        printf("%d ",*(a+i));           //引用数组元素a[i]
    return 0;
}
```

程序运行结果与例 7-6 相同。

【例 7-8】用指针变量指向数组元素输出数组中的全部元素。

```
#include <stdio.h>
int main()
{
    int a[10];
    int i,*p=a;                         //指针变量p指向数组a的首元素a[0]
    for(i=0;i<10;i++)
        scanf("%d",p+i);                //输入a[0]~a[9]共10个元素
    for(p=a;p<(a+10);p++)
        printf("%d ",*p);               //p先后指向a[0]~a[9]
    return 0;
}
```

运行情况与例 7-6 相同。对比这 3 种方法，如下。

（1）方法（1）和（2）的执行效率是相同的。第（3）种方法比方法（1）、（2）快。这种方法能提高执行效率。

（2）用下标法比较直观，能直接知道是第几个元素。用地址法或指针变量的方法都不太直观，难以很快地判断出当前处理的是哪一个元素。

在用指针变量指向数组元素时要注意：指针变量 p 可以指向有效的数组元素，也可以指向数组以后的内存单元。在使用指针变量指向数组元素时，应切实保证指向数组中有效的元素。

指向数组元素的指针的运算比较灵活，务必小心谨慎。下面举几个例子。

如果先使 p 指向数组 a 的首元素（即 p=a），则：

（1）p++（或 p+=1）。使 p 指向下一元素，即 a[1]。如果用*p，得到下一个元素 a[1]的值。

（2）*p++。由于++和*优先级相同，结合方向为自右而左，因此它等价于*（p++）。作用是：先得到 p 指向的变量的值（即*p），然后再使 p 的值加 1。

（3）*（p++）与*（++p）作用不同。前者是先取*p 值，然后使 p 加 1。后者是先使 p 加 1，再取*p。若 p 的初值为 a（即&a[0]），输出*（p++）得到 a[0]的值，而输出*（++p）则得到 a[1]的值。

（4）（*p）++表示 p 所指向的元素值加 1，即（a[0]）++，如果 a[0]=3，则（a[0]）++的值为 4。注意：是元素值加 1，而不是指针值加 1。

（5）如果 p 当前指向 a[i]，则

● *（p--）先对 p 进行"*"运算，得到 a[i]，再使 p 减 1，p 指向 a[i-1]。

- * （++p）先使 p 自加 1，再进行*运算，得到 a[i+1]。
- * （--p）先使 p 减 1，再进行*运算，得到 a[i-1]。

将++和--运算符用于指向数组元素的指针变量十分有效，可以使指针变量自动向前或向后移动，指向下一个或上一个数组元素。但在用*p++形式的运算时，很容易弄错，一定要十分小心，弄清楚先取 p 值还是先使 p 加 1。

【例 7-9】阅读下面的程序，掌握指向数组的指针和指向变量的指针的关系。

```c
#include <stdio.h>
int main()
{
    int a1=123,a2=234,a3=345,i;
    int *p1,*p2,*p3;
    int aa[3]={1,2,3},*ps;
    p1=&a1;
    p2=p1+1;
    p3=p2+1;
    printf("p1=%lu\np2=%lu\np3=%lu\n",p1,p2,p3);
    printf("a1=%d\na2=%d\na3=%d\n",a1,a2,a3);
    printf("*p1=%d\n*p2=%d\n*p3=%d\n",*p1,*p2,*p3);
    ps=aa;
    for(i=0;i<3;i++)
        printf("ps[%d]=%d\n",i,ps[i]);
    return 0;
}
```

程序运行结果：

```
p1=1245052
p2=1245056
p3=1245060
a1=123
a2=234
a3=345
*p1=123
*p2=1245120
*p3=4199161
ps[0]=1
ps[1]=2
ps[2]=3
```

分析上面的程序不难发现，在程序中，只有指针 p1 是指向变量 a1 的地址，而指针 p2、p3 并没有指向任何变量的地址，尽管有 p2=p1+1;p3=p2+1;这样的表达式，但这并不意味着 p2 指向了变量 a2 的地址，p3 指向了变量 a3 的地址。

7.2.2 字符指针

在 C 语言中，指向字符型变量的指针除了具有一般的指针所具有的性质外，另外还有不同的特性，如：

```c
char *sp;
```

sp 作为字符指针，既可以指向字符变量、字符数组，也可以指向一个字符串，如：

```
char *sp="How are you? ";
char *cp;
cp=sp;        相当于 char *cp=sp;
```

指针 sp 和 cp 之间的关系如图 7-5 所示。对于图 7-5 所示的情况，如果要引用字符串中的某个字符，可以通过以下两种方式。

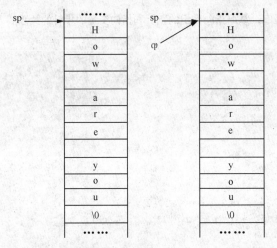

（a）sp指向字符串的首地质   （b）执行完cp=sp;后的情况

图7-5　sp与cp的关系

（1）*（sp+i）

（2）sp[i]

上面的第 2 种情况，虽然 sp 并不是数组，但如果用字符指针指向了某个字符串时，可以像引用数组元素那样，用 sp[i] 来引用字符串中的字符，但却不可以用它来改变字符串中 sp[i] 所代表的字符。另外，如果改变指针变量的值，实际上是改变了指针的指向。

我们先来看这样一个例子，如果要输出一个字符串"Hello, world"。

【例 7-10】使用字符数组输出字符串。

```
#include <stdio.h>
int main()
{
    char a[]="Hello, world";
    printf("%s",a);
    return 0;
}
```

上例是传统的方法，学习了指针之后，还可以使用字符指针变量来引用字符串。

【例 7-11】使用字符指针变量来引用字符串。

```
#include <stdio.h>
int main()
{
    char *p="Hello, world";
    printf("%s",p);
    return 0;
}
```

在本例中，没有定义字符数组，只定义了一个 char *类型的变量，在 C 语言中，字符串常量是按照字符数组来处理的，在内存中开辟了一个字符数组来存放该字符串常量，但这个字符数组没有名字，因此只能通过指针变量来引用。对字符指针变量 p 的初始化，实际上是把字符串第一个元素的地址赋值给 p，使 p 指向字符串的第一个字符。

对于字符串中字符的存取，可以用下标方法，也可以用指针方法，我们来看一个例子。

【例 7-12】将字符串 a 复制给字符串 b。

```c
#include <stdio.h>
int main()
{
    char a[]="I love CHINA!",b[20],*p1,*p2,*p3,*p4;
    p3=p1=a;p4=p2=b;
    for(;*p1!='\0';p1++,p2++)
      *p2=*p1;
    *p2='\0';
    printf("a is: %s\n",p3);
    printf("b is: %s\n",p4);
    return 0;
}
```

程序运行结果：

```
a is: I love CHINA!
b is: I love CHINA!
```

通过指针引用字符串，实际上和通过指针引用数组类似，借用指针，能够更加方便灵活地操作字符串。

7.2.3 指针数组

如果数组中的每一个元素都是指针，则称为指针数组。指针数组是一组有序的指针的集合。指针数组的所有元素都必须是具有相同存储类型和指向相同数据类型的指针变量。指针数组说明的一般形式为：

【存储类型】 类型说明符 *数组名[数组长度]

其中，类型说明符为指针值所指向的变量的类型。例如：

```
int *pa[3]
```

表示 pa 是一个指针数组，它共有 p[0]、p[1]和 p[2]3 个数组元素，每个元素都是指向整型变量的指针。

【例 7-13】通常可用一个指针数组来指向一个二维数组。指针数组中的每个元素被赋予二维数组每一行的首地址，因此也可理解为指向一个一维数组。

```c
#include <stdio.h>
int main(){
    int a[3][3]={1,2,3,4,5,6,7,8,9};
    int *pa[3]={a[0],a[1],a[2]};
    int *p=a[0];
    int i;
    for(i=0;i<3;i++)
        printf("%d,%d,%d\n",a[i][2-i],*a[i],*(*(a+i)+i));
    for(i=0;i<3;i++)
        printf("%d,%d,%d\n",*pa[i],p[i],*(p+i));
    return 0;
}
```

程序运行结果：

```
3,1,1
5,4,5
7,7,9
1,1,1
4,2,2
7,3,3
```

在本例中，pa 是一个指针数组，3 个元素分别指向二维数组 a 的各行。然后用循环语句输出指定的数组元素。其中，*a[i]表示 i 行 0 列元素值；*(*(a+i)+i)表示 i 行 i 列的元素值；*pa[i]表示 i 行 0 列元素值；由于 p 与 a[0]相同，故 p[i]表示 0 行 i 列的值；*(p+i)表示 0 行 i 列的值。

应该注意指针数组和二维数组指针变量的区别。这两者虽然都可用来表示二维数组，但是其表示方法和意义是不同的。

二维数组指针变量是单个的变量，其一般形式中"（*指针变量名）"两边的括号不可少。而指针数组类型表示的是多个指针（一组有序指针），在一般形式中"*指针数组名"两边不能有括号。例如：

```
int (*p)[3];
```

表示一个指向二维数组的指针变量。该二维数组的列数为 3 或分解为一维数组的长度为 3。

```
int *p[3]
```

表示 p 是一个指针数组，3 个下标变量 p[0]、p[1]和 p[2]均为指针变量。

指针数组也常用来表示一组字符串，这时指针数组的每个元素被赋予一个字符串的首地址。指向字符串的指针数组的初始化更为简单。例如，在下面的定义中采用指针数组来表示一组字符串。其初始化赋值为：

```
char *name[]={"Illagal day",
    "Monday",
    "Tuesday",
    "Wednesday",
    "Thursday",
    "Friday",
    "Saturday",
    "Sunday"
};
```

完成这个初始化赋值之后，name[0]即指向字符串"Illegal day"，name[1]指向"Monday"。

任务实现

步骤 1：启动 Visual C++ 6.0。

步骤 2：新建 C 语言源程序文件（Chapter7-2.c）。

步骤 3：在 C 语言源程序文件中，输入如下代码。

```
#include<stdio.h>
#include<stdlib.h>
float *prices;
int num=0;
void create();
void count();
int main()
```

```
{
    count();
    return 0;
}
void create()
{
    int i;
    printf("请输入购书数量num:");
    do
    {
        scanf("%d",&num);
        if(num<0)
        {
            printf("购书数量不能为负数！");
            printf("请重新输入购书的数num:");
        }
    }while(num<=0);
    /*动态申请数组的长度为num来存储购书数量*/
    prices=(float *)malloc(num*sizeof(float));
    printf("请输入%d本图书价格\n",num);
    for(i=0;i<num;i++)
    {
        printf("第%d本图书价格: ",i+1);
        scanf("%f",prices+i);
    }
    printf("\n下面是%d本图书价格\n",num);
    for(i=0;i<num;i++)
    {
        printf("%.1f\t",*(prices+i));
    }
    printf("\n");
}
void count()
{
    int i;
    float sum=0.0f;
    create();
    for(i=0;i<num;i++)
    {
        sum+=*(prices+i);
    }
    printf("购买图书总价格为: %.1f\n",sum);
}
}
```

步骤 4：编译连接。

步骤 5：执行，运行结果如下所示。

请输入购书数量 num:4
动态申请数组的长度为 4 来存储购书数量
请输入 4 本图书价格

```
第 1 本图书价格：32.00
第 2 本图书价格：20.00
第 3 本图书价格：65.00
第 4 本图书价格：45.00
下面是 4 本图书价格
32    20    65    45
购买图书总价格为：162
```

任务 7.3 图书信息的删除

学习目标

- 掌握结构体指针的应用方法；
- 掌握链表的操作。

任务描述

利用结构体数组来存储数据元素，当对数据元素进行插入和删除时，存在大量数据元素的移动，其数据处理的效率低。如何实现高效率地实现插入与删除操作，本次任务中利用链表的方式来实现对图书信息的删除操作。

相关知识

7.3.1 结构体指针

当用一个指针变量来指向一个结构体变量时，称之为结构体指针变量。结构体指针变量中的值是所指向的结构体变量的首地址。通过结构体指针即可访问该结构体变量，这与数组指针和函数指针的情况是相同的。

结构体指针变量说明的一般形式：

```
struct 结构体名 *结构体指针变量名
```

例如，在前面的例题中定义了 stu 结构体，如果要说明一个指向 stu 的指针变量 pstu，可写为：

```
struct stu{
int num;
char *name;
char sex;
float score;
};
struct stu *pstu;
```

当然也可在定义 stu 结构的同时说明 pstu。与前面讨论的各类指针变量相同，结构体指针变量也必须要先赋值后才能使用。

赋值是把结构体变量的首地址赋予该指针变量，不能把结构体名赋予该指针变量。如果 boy 是被说明为 stu 类型的结构体变量，则：

```
pstu=&boy;
```

是正确的，而如下是错误的。

```
pstu=&stu;
```

结构体名和结构体变量是两个不同的概念，不能混淆。结构体名只能表示一个结构体形式，编译系统并不对它分配内存空间。只有当某变量被说明为这种类型的结构时，才对该变量分配存储空间。因此，&stu这种写法是错误的，不可能去取一个结构体名的首地址。有了结构体指针变量，就能更方便地访问结构体变量的各个成员。

其访问的一般形式为：

```
(*结构体指针变量).成员名
```

或为：

```
结构体指针变量->成员名
```

例如：

```
(*pstu).num
```

或者：

```
pstu->num
```

应该注意（ *pstu ）两侧的括号不可少，因为成员符 "." 的优先级高于 "*"。如去掉括号写作*pstu.num则等效于*（pstu.num），这样，意义就完全不对了。下面通过例子来说明结构体指针变量的具体说明和使用方法。

【例 7-14】通过指针输出学生的信息。

```c
#include <stdio.h>
struct stu{
    int num;
    char *name;
    char sex;
    float score;
} boy1={102,"Zhang ping",'M',78.5},*pstu;
int main()
{
    pstu=&boy1;
    printf("Number=%d\nName=%s\n",boy1.num,boy1.name);
    printf("Sex=%c\nScore=%f\n\n",boy1.sex,boy1.score);
    printf("Number=%d\nName=%s\n", (*pstu).num,(*pstu).name);
    printf("Sex=%c\nScore=%f\n\n", (*pstu).sex,(*pstu).score);
    printf("Number=%d\nName=%s\n",pstu->num,pstu->name);
    printf("Sex=%c\nScore=%f\n\n",pstu->sex,pstu->score);
}
```

程序运行结果：

```
Number=102
Name=Zhang ping
Sex=M
Score=78.500000
```

```
Number=102
Name=Zhang ping
Sex=M
Score=78.500000

Number=102
Name=Zhang ping
Sex=M
Score=78.500000
```

本例程序定义了一个结构体 stu，定义了 stu 类型结构体变量 boy1 并进行了初始化赋值，还定义了一个指向 stu 类型的结构体指针变量 pstu。在 main()函数中，pstu 被赋予 boy1 的地址，因此 pstu 指向 boy1。然后在 printf()语句内用 3 种形式输出 boy1 的各个成员值，如下。

- 结构体变量.成员名
- (*结构体指针变量).成员名
- 结构体指针变量->成员名

这 3 种用于表示结构体成员的形式是完全等效的。

【例 7-15】创建一个链表。

```
/*creat a list*/
#include "stdlib.h"
#include "stdio.h"
struct list
{
    int data;
    struct list *next;
};
typedef struct list node;
typedef node *link;
int main()
{
    link ptr,head;
    int num,i;
    ptr=(link)malloc(sizeof(node));//malloc 函数是在内存的动态区中分配指定长度的存储空间
    head=ptr;
    printf("please input 5 numbers==>\n");
    for(i=0;i<=4;i++)
    {
        scanf("%d",&num);
        ptr->data=num;
        ptr->next=(link)malloc(sizeof(node));
        if(i==4) ptr->next=NULL;
        else ptr=ptr->next;
    }
    ptr=head;
    while(ptr!=NULL)
    {
        printf("The value is ==>%d\n",ptr->data);
        ptr=ptr->next;
```

```
    }
    return 0;
}
```

程序运行结果：

```
please input 5 numbers==>
10 8 6 4 2
The value is ==>10
The value is ==>8
The value is ==>6
The value is ==>4
The value is ==>2
```

在上例中，通过 struct list *next; 指向下一个节点，从而构建起一个首尾相连的链表结构。

【例 7-16】反向输出一个链表。

```c
/*reverse output a list*/
#include "stdlib.h"
#include "stdio.h"
struct list
{
    int data;
    struct list *next;
};
typedef struct list node;
typedef node *link;
int main()
{
    link ptr,head,tail;
    int num,i;
    tail=(link)malloc(sizeof(node));
    tail->next=NULL;
    ptr=tail;
    printf("\nplease input 5 data==>\n");
    for(i=0;i<=4;i++)
    {
        scanf("%d",&num);
        ptr->data=num;
        head=(link)malloc(sizeof(node));
        head->next=ptr;
        ptr=head;
    }
    ptr=ptr->next;
    while(ptr!=NULL)
    {
        printf("The value is ==>%d\n",ptr->data);
        ptr=ptr->next;
    }
    return 0;
}
```

程序运行结果：

```
please input 5 data==>
10 8 6 4 2
The value is ==>2
The value is ==>4
The value is ==>6
The value is ==>8
he value is ==>10
```

在上例中，通过 struct list *next; 指向下一个节点，从而构建起一个首尾相连的链表结构，并将其反向输出出来。

7.3.2　指针与函数

1. 指针作函数的参数

指针作为变量，也可以用来作为函数的参数，如果函数的参数类型为指针型，这样在调用函数时，采用的是一种"传址"方式，在这种情况下，如果函数中有对形参值的改变，实际上也就是修改了实参的值。

【例 7-17】从键盘输入任意两个整数作为两个变量的值。编写程序，设计一个函数将这两个变量的值进行交换。

分析：要让两个变量的值互换，可设计函数 void swap(int *p1,int *p2)，通过指针与变量的关系，交换指针 p1 和 p2 所指变量的值。

程序如下：

```
#include <stdio.h>
void swap(int *p1,int *p2)
{
    int temp;
    temp=*p1;
    *p1=*p2;
    *p2=temp;
}
int main()
{
    int a,b,*t1=&a,*t2=&b;
    printf("请输入整数 a 和 b 的值: \n");
    scanf("%d%d",&a,&b);
    printf("交换前: \n a=%d,b=%d\n",a,b);
    swap(t1,t2);
    printf("交换后: \n a=%d,b=%d\n",a,b);
     return 0;
}
```

程序运行结果：

```
请输入整数 a 和 b 的值:
10 20
交换前:
a=10,b=20
交换后:
a=20,b=10
```

　　程序运行后，在函数 swap 调用前指针 t1 和 t2 分别指向变量 a 和 b，调用函数时，t1 和 t2 分别把值（即地址）传给形参指针变量 p1 和 p2，此时 t1, p1 和 t2, p2 分别指向变量 a 和 b，在 swap 函数中对*p1 和*p2 的值进行了交换，也就是*t1 与*t2 进行交换，函数执行完毕，a、b 的值就发生了交换。调用过程如图 7-6 所示。

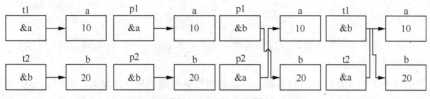

图7-6　传址调用函数交换两变量的值

如果将 swap 函数改成下面的形式。

```
void swap(int *p1,int *p2)
{
    int *temp;
    temp=p1;
    p1=p2;
    p2=temp;
}
```

　　则调用函数结束后，两实参变量的值并没有被交换，只是在函数调用过程中交换了形参指针变量的指向，函数调用结束时，形参指针无效，实参指针 t1, t2 的指向仍没有发生变化，如图 7-7 所示。

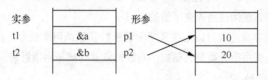

图7-7　形参指针指向改变

【例 7-18】利用指针对两个整数排序。

```
#include <stdio.h>
void swap(int *p1,int *p2);              //函数声明
int main()
{
    int *p1,*p2,a,b;                     //定义指针变量 p1,p2, 整型变量 a,b
    scanf("%d%d",&a,&b);
    p1=&a;                               //使 p1 指向 a
    p2=&b;                               //使 p2 指向 b
    if(a<b)
    swap(p1,p2);                         //如果 a<b, 使*p1 和*p2 互换
    printf("max=%d min=%d",a,b);         //a 已是大数, b 是小数
    return 0;
}
void swap(int *p1,int *p2)               //函数的作用是将*p1 的值与*p2 的值交换
{
    int temp;
    temp=*p1;
```

```
    *p1=*p2;
    *p2=temp;
}
```

程序运行结果：

```
45 78↙
max=78 min=45
```

我们发现，原本实参向形参单向的值传递似乎发生了改变，在 swap 中改变了*p1 和*p2 的值，影响到了 a 和 b 的值，这是为什么呢？

因为使用指针类型的变量作为函数参数时，实参向形参传递的是一个地址，此时，形参和实参实际上都指向同一个内存中的空间，因此，通过引用形参来修改其所指向内存空间中的值时，也就修改了实参所指向内存空间中的值。

利用指针作为函数参数，可以达到其他类型无法达到的效果，即通过调用函数使多个变量的值发生变化，在主调函数中可使用这些改变了的值。

如果想通过函数调用得到 n 个要改变的值，可以采取下面的步骤。

（1）在主调函数中设 n 个变量，用 n 个指针变量指向它们。

（2）编写被调用函数，其形参为 n 个指针变量，这些形参指针变量应当与主调函数中的 n 个指针变量具有相同的基类型。

（3）在主调函数中将 n 个指针变量作实参，将它们的值（即地址值）传给所调用函数的 n 个形参指针变量，这样，形参指针变量也指向这 n 个变量。

（4）通过形参指针变量的指向，改变该 n 个变量的值。

（5）在主调函数中就可以使用这些改变了值的变量。

使用指针变量作为函数参数通常可以用在需要主调函数获取调用函数多个结果的情况，由于函数返回值只能有一个，因此，可以使用指针类型的参数，将我们需要的结果用指针带回。

2. 函数的返回值为指针

函数的返回值可以代表函数的计算结果，其类型可以是系统定义的简单数据类型。作为指针，也是系统认可的一种数据类型，因此，指针类型理所当然可以作为函数的返回值。

如果函数的返回值为指针，通常称之为指针函数，其定义形式为：

【存储类型】 数据类型 *函数名(【形参表】);

其中，函数名之前加了"*"号表明这是一个指针型函数，即返回值是一个指针。类型说明符表示了返回的指针值所指向的数据类型。例如：

```
int *ap(int x,int y){
    /*函数体*/
}
```

表示 ap 是一个返回指针值的指针型函数，它返回的指针指向一个整型变量。

【例 7-19】通过指针函数输入一个 1~7 的整数，输出对应的星期名。

```
#include <stdio.h>
#include <stdlib.h>
int main(){
    int i;
    char *day_name(int n);
```

```
        printf("input Day No:\n");
        scanf("%d",&i);
        if(i<0) exit(1);
        printf("Day No:%2d-->%s\n",i,day_name(i));
        return 0;
    }
    char *day_name(int n){
        static char *name[]={ "Illegal day","Monday","Tuesday", "Wednesday", "Thursday",
"Friday","Saturday","Sunday"};
        return ((n<1||n>7)?name[0]:name[n]);
    }
```

程序运行结果：

```
input Day No:
3
Day No:3-->Wednesday
```

本例中定义了一个指针型函数 day_name，它的返回值指向一个字符串，该函数中定义了一个静态指针数组 name。name 数组初始化赋值为 8 个字符串，分别表示各个星期名及出错提示。形参 n 表示与星期名所对应的整数。在主函数中，把输入的整数 i 作为实参，在 printf() 语句中调用 day_name() 函数并把 i 值传送给形参 n。

day_name() 函数中的 return 语句包含一个条件表达式，n 值若大于 7 或小于 1 则把 name[0] 指针返回主函数，输出出错提示字符串"Illegal day"。否则返回主函数输出对应的星期名。

3. 指向函数的指针

通常函数名就代表了函数执行的入口地址，函数指针就是指向函数的指针，函数指针的作用就是用来存放函数的入口地址。

函数指针的定义形式：

[存储类型]数据类型(*变量名)();

存储类型为函数指针本身的存储类型，数据类型为指针所指函数的返回值的数据类型。

请注意定义中的两个圆括号，例如：

int (*p)( );

p 是一个函数指针变量，所指函数的返回值为 int 型。同普通指针一样，若 p 没有指向任何函数时，p 的值是不确定的，因此，在使用 p 之前必须给 p 赋值，将函数的入口地址赋给函数指针变量，赋值形式为：

函数指针变量=函数名；

如果函数指针变量已经指向了某个函数的入口地址，则可以通过函数指针来调用该函数，其调用形式为：

(*函数指针变量名) (实参表)；

【例 7-20】阅读下面的程序，了解函数指针的使用。

```
#include <stdio.h>
int max(int a,int b)
{
    return a>b?a:b;
}
int main()
```

```
{
    int  (*p)(int x,int y);
    p=max;
    printf("The max of (3,4) is %d\n",(*p)(3,4));
     return 0;
}
```

程序运行结果：

```
The max of (3,4) is 4
```

如果函数指针仅仅是替代函数名去调用函数，那就失去了函数指针本身的意义。可以将函数指针设计成某个函数的形参，这样，在调用函数时，实参会把函数名传给函数指针。

例如：int sub(int (*p1)( ),int (*p2) ( ),int a,int b)

```
{
    int m,n;
    m=(*p1)(a,b);
    n=(*p1)(m,a+b);
    return m+n;
}
```

如果 fun1，fun2 分别为其他函数的函数名，通过传递函数名，可以调用函数 sub(fun1,fun2,x,y)，达到调用其他函数的目的，这种方法主要表现在使程序的模块化程度更高。

【例 7-21】阅读下面的程序，了解函数指针作为函数参数的使用。

```
#include <stdio.h>
int add(int m,int n)
{
return m+n;
}
int mul(int m,int n)
{
return m*n;
}
int getvalue(int (*p)(int x,int y),int a,int b)
{
    return (*p)(a,b);
}
int main()
{
    int result,a,b;
    printf("please enter the value of a and b:\n");
    scanf("%d%d",&a,&b);
    result=getvalue(add,a,b);
    printf("The sum of (a+b)=%d\n",result);
    result=getvalue(mul,a,b);
    printf("The multiply of (a*b)=%d\n",result);
     return 0;
}
```

程序运行结果：

```
Please enter the value of a and b:
4 7↙
The sum of (a+b)=11
The multiply of (a*b)=28
```

任务实现

步骤 1：启动 Visual C++ 6.0。

步骤 2：新建 C 语言源程序文件（chapter7-3.c）。

步骤 3：在 C 语言源程序文件中，输入如下代码。

```c
#include <stdio.h>
#include <string.h>
struct Book{
char ISBN[14];
    char Name[20];
    double Price;
    char Author[20];
    char publish[30];
    struct Book *next;
};
void xs(struct Book *b)
{
    if(b!=NULL)
    {
        printf("编号\t 书名\t\t 价格\t 作者\t 出版社\n");
        printf("%s\t%s\t%.2f\t%s\t%s\n",b->ISBN,b->Name,b->Price,
b->Author,b->publish);
        printf("-------------------------\n");
        xs(b->next);
    }
}
void main()
{
    struct Book *head,*p,*q,b1,b2,b3;
    char inname[20];
    int fine=0;
    strcpy(b1.ISBN,"1001");
    strcpy(b2.ISBN,"1002");
    strcpy(b3.ISBN,"1003");
    strcpy(b1.Name,"C 语言程序设计");
    strcpy(b2.Name,"数据结构");
    strcpy(b3.Name,"计算机网络");
    b1.Price=33.00;
    b2.Price=27.00;
    b3.Price=29.00;
    strcpy(b1.Author,"谭浩强");
    strcpy(b2.Author,"严蔚敏");
    strcpy(b3.Author,"谢希仁");
    strcpy(b1.publish,"清华大学出版社");
```

```
        strcpy(b2.publish,"清华大学出版社");
        strcpy(b3.publish,"电子工业出版社");
        b1.next=&b2;
        b2.next=&b3;
        b3.next=NULL;
        head=&b1;
        xs(head);
        printf("请输入要删除的图书名称：");
        scanf("%s",inname);
        p=head;
        q=head;
        while(p!=NULL){
            if(!strcmp(p->Name,inname)){
                if(p==q){
                    head=head->next;
                    fine=1;
                }else{
                    q->next=p->next;
                    fine=1;
                }
                break;
            }
            q=p;
            p=p->next;
        }
        if(fine){
            printf("--删除成功--\n");
        }else{
            printf("--没有找到该图书--\n");
        }
        xs(head);
}
```

步骤 4：编译连接。

步骤 5：执行，运行结果如下所示。

```
编号        书名            价格        作者        出版社
1001       C 语言程序设计   33.00      谭浩强      清华大学出版社
-------------------------

编号        书名            价格        作者        出版社
1002       数据结构        27.00      严蔚敏      清华大学出版社
-------------------------

编号        书名            价格        作者        出版社
1003       计算机网络      29.00      谢希仁      电子工业出版社
-------------------------

请输入要删除的图书名称：数据结构
--删除成功-
编号        书名            价格        作者        出版社
1001       C 语言程序设计   33.00      谭浩强      清华大学出版社
-------------------------
```

```
编号        书名          价格      作者        出版社
1003       计算机网络      29.00    谢希仁      电子工业出版社
-------------------------
```

项目实战——图书信息编辑功能实现

根据本章所学的内容，下面将介绍使用指针来实现图书超市收银系统中图书信息的修改、删除与查找功能。

首先，输出图书超市管理系统的主菜单。

```c
int main()
{
    Book book[100];                    //用来存放购买的图书列表
    printf("图书超市管理系统 v1.0\n");
    printf("1.图书基本信息管理\n");
    printf("2.购书结算处理\n");
    printf("3.售书历史记录\n");
    printf("0.退出系统\n");
    printf("\n请输入您要进行的操作:");
```

然后，等待用户进行选择，我们将用户选择的数字接收并判断，如果用户选择 1.图书基本信息管理，则进入下一级子菜单。

```c
int ch;
scanf("%d",&ch);
switch(ch)
{
    case 1:
    system("cls");
    printf("图书基本信息管理\n");
    printf("1.增加图书\n")
    printf("2.删除图书\n");
    printf("3.修改图书\n");
    printf("4.查找图书\n");
    printf("5.一览图书\n");
    printf("0.返回首页\n");
    printf("\n请输入您要进行的操作:");
```

这里需要用户选择，是修改图书信息、删除图书信息，还是查找图书信息等。

```c
int ch2;
scanf("%d",&ch2);
switch(ch2)
    {
```

如果是用户选择 2.删除图书，将读入需要删除的图书的编号。

```c
    case 2:
    for(;;)
    {
        system("cls");
```

```
                    printf("删除图书\n");;
                    printf("请输入要删除图书的编号:");
                    char in_ISBN[14];
                    scanf("%s",in_ISBN);
                    bool k=false;            //C 语言中没有 bool 类型，可用 0 代表 false
```

使用指针依次遍历所有图书，看书库中是否有和待删除图书编号一致的图书。

```
                    Book *p=&book[0];
                    for(int i=0;i<counter;i++)
                    {
                        if(!strcmp(p[i].ISBN,in_ISBN))
                        {
                            k=true;              //用 1 代表 true
```

如找到符合该编号的图书，则将该书之后所有的图书信息向前移动，将图书数量减少 1，并提示删除成功。

```
                            for(;i+1<counter;i++)
                            {
                            strcpy(p[i].ISBN,p[i+1].ISBN);
                                strcpy(p[i].Name,p[i+1].Name);
                                p[i].Author=p[i+1].Author;
                                p[i].Price=p[i+1].Price;
                                p[i].publish=p[i+1].publish;
                            }
                            printf("删除成功\n");
                            counter--;
                            break;
                        }
                    }
```

如果不能找到该编号，则提示错误。

```
                    if(!k)
                    {
                        printf("未找到符合要求的图书\n");
                    }
```

询问是否继续删除，如不再继续删除，则循环结束。

```
                    printf("是否继续删除?Y/N\n");
                    char opt;
                    scanf("%c",&opt);
                    if(opt=='n'||opt=='N')
                        break;
                }
            break;
```

至此，完成根据图书编号删除图书的功能。

如用户选择 3.修改图书，将读入待删除图书的编号。

```
        case '3':
            for(;;)
            {
```

```
                system("cls");
                printf("修改图书\n");
                printf("请输入要修改图书的编号:");
                char in_ISBN[14];
                scanf("%s",in_ISBN);
                bool k=false;
```

使用指针依次遍历所有图书,看书库中是否有和待删除图书编号一致的图书。

```
                Book *p=&book[0];
                for(int i=0;i<counter;i++)
                {
                    if(!strcmp(p[i].ISBN,in_ISBN))
                    {
                        k=true;
```

如果查找到该书,首先将该图书的现有信息输出,再提示用户依次输入该图书的各项信息。

```
                        printf("源数据\n");
                        printf("编号: %s\n",p[i].ISBN);
                        printf("书名: %s\n",p[i].Name);
                        printf("价格: %s\n",p[i].Price);
                        printf("作者: %s\n",p[i].Author);
                        printf("出版社: %s\n",p[i].publish);
                        printf("-----------------------------\n");
                        printf("请输入新书名: \n");
                        scanf("%s",p[i].Name);
                        printf("请输入新价格: \n");
                        scanf("%f",&(p[i].Price));
                        printf("请输入新作者: \n");
                        scanf("%s",p[i].Author);
                        printf("请输入新出版社: \n");
                        scanf("%s",p[i].publish);
                        break;
                    }
                }
```

如果不能找到该编号,则提示错误。

```
                if(!k)
                {
                    printf("未找到符合要求的图书\n");
                }
```

询问是否继续修改,如不再继续修改,则循环结束。

```
                printf("是否继续修改?Y/N\n");
                char opt;
                scanf("%c",&opt);
                if(opt=='n'||opt=='N')
                    break;
            }
        break;
```

至此,完成根据图书编号修改图书的功能。

如用户选择 4.查找图书，实际上这一部分更为简单，我们已经在删除和修改图书信息中实现了这部分内容。首先将读入待查找图书的编号。

```
        case '4':
            for(;;)
            {
                system("cls");
                printf("查找图书\n");
                printf("请输入要查找图书的编号:");
                char in_ISBN[14];
                scanf("%s",in_ISBN);
                bool k=false;
```

使用指针依次遍历所有图书，看书库中是否有和待查找图书编号一致的图书。

```
                Book *p=&book[0];
                for(int i=0;i<counter;i++)
                {
                    if(!strcmp(p[i].ISBN,in_ISBN))
                    {
                        k=true;
```

如果查找到该书，将该图书的现有信息输出。

```
                        printf("源数据\n");
                        printf("编号: %s\n",p[i].ISBN);
                        printf("书名: %s\n",p[i].Name);
                        printf("价格: %s\n",p[i].Price);
                        printf("作者: %s\n",p[i].Author);
                        printf("出版社: %s\n",p[i].publish);
                        break;
                    }
                }
```

如果不能找到该编号，则提示错误。

```
                if(!k)
                {
                    printf("未找到符合要求的图书\n");
                }
```

询问是否继续修改，如不再继续修改，则循环结束。

```
                printf("是否继续查找?Y/N\n");
                char opt;
                scanf("%c",&opt);
                if(opt=='n'||opt=='N')
                    break;
            }
            break;
```

至此，完成根据图书编号查找图书的功能。

我们对通过指针来实现图书信息的查找、修改和删除这一部分功能做出了详细解释，请读者思考，应该如何使用指针来设计一种数据结构，使得删除图书信息的时候，不用全部移动后面的图书信息呢？

项目小结

本项目主要介绍了指针的概念、指向变量的指针、指向数组的指针、指向字符串的指针、指针数组以及多级指针等。

所谓指针其实就是地址，由于可以通过地址找到存储于内存中的变量，所以将地址称为指针。

指针变量是存储地址的变量，通过指针变量可以很方便地对存储于内存单元中的变量进行操作。

在用指针处理数组时，可以通过指针的移动来访问数组的每一个元素。在用指针处理字符串时，可以充分利用字符串结束标志'\0'。

指针数组一般用来处理多个字符串的情况。

多级指针一般使用到二级指针为止，主要用来处理二维数组的情况。

习题七

一、单选题

1. 数组名和指针变量均表示地址，以下不正确的说法是（   ）。
   A. 数组名代表的地址值不变，指针变量存放的地址可变
   B. 数组名代表的存储空间长度不变，但指针变量指向的存储空间长度可变
   C. A 和 B 的说法均正确
   D. 没有差别

2. 变量的指针，其含义是指该变量的（   ）。
   A. 值   B. 地址   C. 名   D. 一个标志

3. 已有定义 int a=5;int *p1,*p2;，且 p1 和 p2 均已指向变量 a，下面不能正确执行的赋值语句是（   ）。
   A. a=*p1+*p2   B. p2=a;   C. p1=p2;   D. a=*p1*(*p2);

4. 若 int(*p)[5];，其中 p 是（   ）。
   A. 5 个指向整型变量的指针
   B. 指向 5 个整型变量的函数指针
   C. 一个指向具有 5 个整型元素的一维数组的指针
   D. 具有 5 个指针元素的一维指针数组，每个元素都只能指向整型量

5. 设有定义：int a=3,b,*p=&a;，则下列语句中使 b 不为 3 的语句是（   ）。
   A. b=*&a;   B. b=*p;   C. b=a;   D. b=*a;

6. 若有以下定义，则不能表示 a 数组元素的表达式是（   ）。

   int a[10]={1,2,3,4,5,6,7,8,9,10},*p=a;

   A. *p   B. a[10]   C. *a   D. a[p-a]

7. 设 char s[10],*p=s;，以下不正确的表达式是（   ）。
   A. p=s+5;   B. s=p+s;   C. s[2]=p[4];   D. *p=s[0];

8. 执行下面程序段后，*p 等于（   ）。

int a[5]={1,3,5,7,9},*p=a;

p++;

    A. 1   B. 3   C. 5   D. 7

9. 下列关于指针的运算中，（   ）是非法的。

    A. 在一定条件下，两个指针可以进行相等或不相等的运算

    B. 可以将一个空指针赋值给某个指针

    C. 一个指针可以是两个整数之差

    D. 两个指针在一定的条件下，可以相加

二、填空题

1. "*" 称为_____运算符，"&" 称为_____运算符。

2. 在 int a=3,*p=&a;中，*p 的值是_____。

3. 在 int *pa[5];中，pa 是一个具有 5 个元素的指针数组，每个元素是一个_____指针。

4. 若两个指针变量指向同一数组的不同元素，则可以进行减法运算和_____运算。

5. 设 int a[10],*p=a;，则对 a[3]的引用可以是 p[3]（下标法）和_____（地址法）。

6. 设有 char a[]="ABCD"，则 printf("%c",*a)的输出结果是_____。

三、阅读下面的程序，写出程序运行结果。

1.
```c
#include <stdio.h>
void main( )
{   int a,b;
    int *p,*q,*r;
    p=&a;q=&b;a=9;
    b=5*(*p%5);
    r=p;p=q;q=r;
    printf("\n%d,%d,%d\n",*p,*q,*r);
}
```

2.
```c
#include <stdio.h>
#include<string.h>
void fun(char *s)
{ char a[7];
  s=a;
  strcpy(a, "book");
  printf("%s\n",s);}
void main( )
{
    char *p;
    fun(p);
}
```

3.
```c
#include <stdio.h>
#include<string.h>
void main( )
{
```

```
        char *p,str[20]= "abc";
        p="abc";
        strcpy(str+1,p);
        printf("%s\n",str);
}
```

四、编程题

1. 如何使用指针来设计一种数据结构，使得在删除图书信息的时候，不用将后面的图书信息全部移动呢？

2. 利用指针，如何实现一个 int 类型数组的选择排序算法？

3. 对于一个给定的字符串，请利用指针设计一个函数，统计出字符串中空格的数量。

4. 编写函数，比较两个字符串是否相等（用指针完成）。

5. 编写程序，在一个整数数组（其元素全大于 0）中查找输入的一个整数，找到后，求它前面的所有整数之和。

6. 请编写函数实现如下功能：找出一维整型数组元素中最大的值及其所在的下标，并通过形参传回。数组元素中的值已在主函数中赋予。

7. 请编写一函数实现如下功能：将放在字符数组中的 M 个字符串（每串的长度不超过 N），按顺序合并组成一个新的字符串。

8. 编写程序，在主函数中定义一个一维数组 score，内放全班学生的 C 语言成绩，定义 average() 函数求每该课程的平均分、最高分和最低分，平均分、最高分和最低分在主函数中输出。

Chapter

8

项目 8
使用文件存储售书记录

图书超市收银系统信息存储包括售书历史清单存储、图书信息储存和会员信息存储等。售书历史清单存储功能是图书超市收银系统中的一个重要功能，用户购书结算后应将销售清单进行保存，主要是方便进行账目核对、查询和统计。另外，如果客户需要退换书籍时可根据售书清单进行核实。

本项目通过顺序存取图书信息、随机存取会员信息两个任务讲述应用文件、文件指针、文件打开、文件关闭和文件读写操作等的实现，最后项目实战实现将售书历史清单存储到文件，让读者加深用文件指针进行文件打开、关闭和读写操作，明确文本文件和二进制文件数据存储方式，掌握顺序存取和随机存取两种方式操作文件的方法。

任务 8.1　顺序存取图书信息

学习目标

- 掌握文件指针的概念；
- 掌握文件的打开与关闭的方法；
- 掌握文本文件、二进制文件的顺序读写方式。

文件操作

任务描述

通过前面几个项目的学习大家了解到，当程序运行时，程序本身和数据一般都是存放在内存中，当程序运行结束，存放在内存中的数据（包括运行结果）即被释放。而在日常生活中，经常需要永久地保存大量数据，如学生信息、学生成绩信息、商品信息和人事档案信息等，这些信息需要长久保存，就必须以文件的形式存放到外部存储介质中。在 C 语言中，可以将数据采用各种方式写入外存中。本项目采用顺序存取方式将图书信息存储到文件中。

相关知识

8.1.1　文件的概念

所谓"文件"是指一组相关数据的有序集合，这个数据集有一个名称，叫作文件名。实际上，在前面的章节中已经多次使用了文件，例如，源程序文件（.c）、目标文件（.obj）、可执行文件（.exe）和头文件（.h）等。C 语言把文件看作一个字节序列，由一连串的字节组成，称为"流"，以字节为单位访问，没有记录的界限。

文件通常是驻留在外部介质（如磁盘等）上的，在使用时才调入内存中来。从不同的角度可对文件进行不同的分类。

（1）从用户的角度看，文件可分为普通文件和设备文件两种。

普通文件是指驻留在磁盘或其他外部介质上的一个有序数据集，可以是源文件、目标文件和可执行程序；也可以是一组待输入处理的原始数据，或者是一组输出的结果。源文件、目标文件、可执行程序可以称作程序文件，输入输出数据可称作数据文件。

设备文件是指与主机相连的各种外部设备，如显示器、打印机和键盘等。在操作系统中，把外部设备也看作是一个文件来进行管理，把它们的输入、输出等同于对磁盘文件的读和写。

通常把显示器定义为标准输出文件，一般情况下在屏幕上显示有关信息就是向标准输出文件输出。如前面经常使用的 printf()、putchar()函数就是这类输出。

键盘通常被指定为标准的输入文件，从键盘上输入就意味着从标准输入文件上输入数据。scanf()、getchar()函数就属于这类输入。

（2）从文件编码的方式来看，文件可分为 ASCII 码文件和二进制码文件两种。

ASCII 文件也称为文本文件，这种文件在磁盘中存放时每个字符对应一个字节，用于存放对应的 ASCII 码。

例如，数 5678 的存储形式为：

ASCII 码：00110101 00110110 00110111 00111000

十进制码： 5 6 7 8

存储时，将每个十进制数看作一个字符，如 5678，在存储时被看成 '5' (ASCII 码值为 53)，'6' (ASCII 码值为 54)，'7' (ASCII 码值为 55)，'8' (ASCII 码值为 56)，共 4 个字节。

ASCII 码文件可在屏幕上按字符显示。例如，源程序文件就是 ASCII 文件，用 DOS 命令 TYPE 可显示文件的内容。由于是按字符显示，因此能读懂文件内容。

二进制文件是内存中的数据按其在内存中的存储形式（即按二进制的编码方式）来存放文件的。

例如，数 5678 的存储形式为：

00010110 00101110

只占二个字节。

二进制文件虽然也可在屏幕上显示，但无法读懂其内容。C 系统在处理文件时，并不区分类型，都看成是字符流，按字节进行处理。输入输出字符流的开始和结束只由程序控制而不受物理符号（如回车符）的控制。因此也把这种文件称作"流式文件"。

8.1.2 文件的打开与关闭

C 语言利用缓冲文件系统管理文件的时候，系统将自动为每一个打开的文件建立缓冲区，以便得到文件的读写位置以及与该文件对应的内存缓冲区的地址，还有文件的操作方式等信息。

1. 文件指针

C 语言中将有关文件缓冲区的一些信息（如缓冲区对应的文件名、文件所允许的操作方式、缓冲区的大小以及当前读/写数据在缓冲区的位置）使用一个结构体类型来描述，其类型名为 FILE。对每一个要操作的文件，都要定义一个指向 FILE 类型结构体的指针变量，这个指针称为文件指针。通过文件指针就可对它所指的文件进行各种操作。定义说明文件指针的方法为：

```
FILE *指针变量标识符;
```

其中 FILE 应为大写，它实际上是由系统定义的一个结构，在编写源程序时不必关心 FILE 结构的细节。例如：

```
FILE *fp;
```

表示 fp 是指向 FILE 结构的指针变量，通过 fp 即可找到存放某个文件信息的结构变量，然后按结构变量提供的信息找到该文件，实施对文件的操作。习惯上也笼统地把 fp 称为指向一个文件的指针。

2. 文件的打开

文件的操作过程必须是"先打开，后读写，最后关闭"。所谓打开文件就是以某种方式从磁盘上查找指定的文件或创建一个新文件，建立文件的各种相关信息，并使文件指针指向该文件，以便进行其他操作。

在 C 语言中，文件操作都是由库函数来完成的。C 语言中打开文件可以使用输入/输出库中提供的 fopen() 函数，其格式为：

```
文件指针名 = fopen( 文件名, 使用文件方式 );
```

其中：
- "文件指针名"必须是被说明为 FILE 类型的指针变量。
- "文件名"是被打开文件的文件名，是字符串常量或字符串数组，也可以带路径。

● "使用文件方式"是指文件的类型和操作要求，控制该文件被打开后是用于读、写还是既读又写等 12 种文件打开模式，如表 8-1 所示。

表 8-1 使用文件方式

文本文件(ASCII)		二进制文件	
使用方式	含义	使用方式	含义
r	只读打开一个文本文件，只允许读数据	rb	只读打开一个二进制文件，只允许读数据
w	只写打开或建立一个文本文件，只允许写数据	wb	只写打开或建立一个二进制文件，只允许写数据
a	追加打开一个文本文件，并在文件末尾写数据	ab	追加打开一个二进制文件，并在文件末尾写数据
r+	读写打开一个文本文件，允许读和写	rb+	读写打开一个二进制文件，允许读和写
w+	读写打开或建立一个文本文件，允许读写	wb+	读写打开或建立一个二进制文件，允许读和写
a+	读写打开一个文本文件，允许读，或在文件末尾追加数据	ab+	读写打开一个二进制文件，允许读，或在文件末尾追加数据

例如：

```
FILE *fp;
fp=("file1","r");
```

其意义是在当前目录下打开文件名为"file1"的文件，只允许进行"读"操作，并使 fp 指向该文件。如要操作的文件不在当前目录下，则可以在文件名前加上路径，例如：

```
FILE *fp;
fp=("D: \\file2","rb");
```

其意义是打开 D 驱动器磁盘根目录下文件名为"file2"的文件，该文件是二进制文件，只允许进行"读"操作，并使 fp 指向该文件。

3. 文件的关闭

一旦文件使用完毕，应该使用关闭文件函数把文件关闭，以免发生文件的数据丢失等情况。文件关闭函数为 fclose()，调用的一般形式是：

```
fclose(文件指针);
```

例如：

```
fclose(fp);
```

正常完成关闭文件操作时，fclose 函数返回值为 0。如返回非零值则表示有错误发生。

【例 8-1】打开单个文件。

以"读"的方式打开一个文本文件，编写程序确定文件是否被打开。

```
#include <stdio.h>
int main()
{
    FILE *fp;
    char name[50];
    printf("input file path and name:\n");
```

```
      gets(name);/*输入文件的路径及文件名*/
      fp=fopen(name,"r");/*以读的方式打开文件*/
      if(fp==NULL)/*文件不存在*/
      {
      printf("can not open file.\n");
      return 0; /*返回*/
      }
      else
      {
      printf("now %s is opening.\n",name);
      fclose(fp);/*文件处理完毕后要关闭文件*/
      }
      return 0;
  }
```

程序运行结果：

```
input file path and name:
D:\\C 实例\\demo.txt
now D:\\C 实例\\demo.txt is opening.
```

由于本例题中要打开的是文本文件，使用 fopen()函数时，文件模式为"r"。在打开一个文件时，如果出错，fopen 将返回一个空指针值 NULL。在程序中可以用这一信息来判别是否完成文件打开的工作，并进行相应的处理。

8.1.3 文件的顺序读写

文件最基本的数据操作有两个：从文件中读取信息（读操作）和把信息存放到文件（写操作）。C 语言为文件的读写操作定义了一系列的标准函数，它们都在 stdio.h 中说明。

1. 文本文件的操作

（1）字符读写

字符读写函数是以字符（字节）为单位的，也就是每次可从文件中读出或写入到文件中一个字符。

① 读字符函数 fgetc()

读字符函数的功能是从指定的文件中读一个字符，函数调用的形式为：

```
 字符变量=fgetc(文件指针);
```

例如：

```
 ch=fgetc(fp);
```

其意义是从打开的文件 fp 中读取一个字符并送入 ch 变量中。

对于 fgetc 函数的使用有以下几点说明。

在 fgetc()函数调用中，读取的文件必须是以读或读写方式打开的。

读取字符的结果也可以不向字符变量赋值。例如，fgetc(fp);但是读出的字符不能保存。

在文件内部有一个位置指针。用来指向文件的当前读写的字节。在文件打开时，该指针总是指向文件的第一个字节。使用 fgetc()函数后，该位置指针将向后移动一个字节。因此，可连续多次使用 fgetc()函数，读取多个字符。文件指针和文件内部的位置指针不是一回事。文件指针是指向整个文件的，需在程序中定义说明，只要不重新赋值，文件指针的值是不变的。文件内部的位置指针用以指示文件内部的当前读写位置，每读写一次，该指针均向后移动，它不需在程序中定义说明，而是由系统自动设置的。

【例 8-2】读入文件，将内容在屏幕上输出。

```c
#include<stdio.h>
int main()
{
    FILE *fp;
    char ch;
    if((fp=fopen("D:\\C 实例\\demo.txt","r"))==NULL)
    {
        printf("\nCannot open file!");
        return 0;
    }
    ch=fgetc(fp);
    while(ch!=EOF)
    {
        putchar(ch);
        ch=fgetc(fp);
    }
    fclose(fp);
    return 0;
}
```

程序运行结果：

```
hello everybody
good morning.
```

本实例是从文件中逐个读取字符，在屏幕上显示出来。定义文件指针 fp，以读文本文件方式打开文件，并使 fp 指向该文件。如果打开文件出错，给出提示并退出程序。否则，程序先读出一个字符，然后进入循环，只要读出的字符不是文件结束标志（每个文件末尾有一结束标志 EOF）就把该字符显示在屏幕上，再读入下一个字符，每读一次，文件内部的位置指针就向后移动一个字符，文件结束时，该指针指向 EOF，执行本程序将显示整个文件。

② 写字符函数 fputc()

写字符函数的功能是把一个字符写入指定的文件中。函数调用的形式为：

```
fputc(字符量，文件指针);
```

其中，待写入的字符量可以是字符常量或变量，例如：

```
fputc('a',fp);
```

其意义是把字符 a 写入 fp 所指向的文件中。

对于 fputc 函数的使用也要说明几点。

① 被写入的文件可以用写、读写、追加方式打开，用写或读写方式打开一个已存在的文件时将清除原有的文件内容，写入字符从文件首开始。

② 如需保留原有文件内容，希望写入的字符以文件末开始存放，必须以追加方式打开文件。

③ 被写入的文件若不存在，则创建该文件。

④ 每写入一个字符，文件内部位置指针向后移动一个字节。

⑤ fputc()函数有一个返回值，如写入成功则返回写入的字符，否则返回一个 EOF。可用此来判断写入是否成功。

【例 8-3】从键盘输入一行字符，写入一个文件。

```c
#include<stdio.h>
int main()
{
    FILE *fp;
    char ch;
    if((fp= fopen("D:\\C 实例\\example.txt","wt+"))==NULL)
    {
        printf("Cannot open file!");
        return 0;
    }
    printf("input a string:\n");
    ch=getchar();
    while(ch!='\n')
    {
        fputc(ch,fp);
        ch=getchar();
    }
    fclose(fp);
    return 0;
}
```

程序运行结果：

```
input a string:
hello world✓
```

写入 example.txt 文件的效果如图 8-1 所示。

本实例打开文件 example.txt。从键盘读入一个字符后进入循环，当读入字符不为回车符时，则把该字符写入文件之中，然后继续从键盘读入下一个字符。每输入一个字符，文件内部位置指针向后移动一个字节。写入完毕，该指针已指向文件末尾。

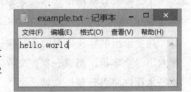

图8-1　exmample.txt文件

（2）字符串读写

① 读字符串函数 fgets()

读字符串函数的功能是从指定的文件中读取一个字符串到字符数组中，函数调用的形式为：

```
fgets(字符数组名,n,文件指针);
```

其中，n 是一个正整数。表示从文件中读出的字符串不超过 $n-1$ 个字符。在读出的最后一个字符后加上串结束标志 '\0'。例如：

```
fgets(str,n,fp);
```

意思是从 fp 所指的文件中读出 $n-1$ 个字符送入字符数组 str 中。

对 fgets 函数有两点说明。

● 在读出 $n-1$ 个字符之前，如遇到了换行符或 EOF，则读出结束。

● fgets()函数也有返回值，其返回值是字符数组的首地址。

【例 8-4】从 example 文件中读一个含 11 个字符的字符串。

```c
#include<stdio.h>
int main()
```

```
    {
        FILE *fp;
        char str[12];
        if((fp=fopen("D:\\C 实例\\example.txt","r"))==NULL)
        {
            printf("\nCannot open file!");
            return 0;
        }
        fgets(str,12,fp);
        printf("%s\n",str);
        fclose(fp);
        return 0;
    }
```

程序运行结果：

```
hello world
```

本实例首先定义一个字符数组 str，共 12 个字节，打开文件 example.txt 后，从中读出 11 个字符送入 str 数组，在数组最后一个单元内将加上'\0'，然后在屏幕上显示输出 str 数组。

② 写字符串函数 fputs()

写字符串函数的功能是向指定的文件中写入一个字符串，其调用形式为：

```
fputs(字符串,文件指针);
```

其中，字符串可以是字符串常量，也可以是字符数组名或指针变量，例如：

```
fputs("abcd",fp);
```

含义是把字符串 "abcd" 写入 fp 所指的文件之中。

【例 8-5】在文件 example 中追加一个字符串。

```
#include<stdio.h>
int main()
{
    FILE *fp;
    char ch,st[20];
    if((fp=fopen("D:\\C 实例\\example.txt","a+"))==NULL)
    {
        printf("Cannot open file!");
        return 0;
    }
    printf("input a string:\n");
    scanf("%s",st);
    fputs(st,fp);
    rewind(fp); /*把文件内部位置指针移到文件首*/
    ch=fgetc(fp);
    while(ch!=EOF)
    {
        putchar(ch);
        ch=fgetc(fp);
    }
    printf("\n");
```

```
        fclose(fp);
        return 0;
    }
```

程序运行结果：

```
input a string:
filewrite✓
hello worldfilewirte
```

写入 example.txt 文件后的效果如图 8-2 所示。

本实例是在 example 文件末尾加写字符串，以追加读写文本文件的方式打开文件 example，然后输入字符串，并用 fputs()函数把该字符串写入文件 example。

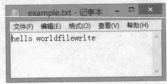

图8-2 exmample.txt文件

【例 8-6】将磁盘文件 a.txt 中的内容复制到文件 b.txt 中。

```
#include<stdio.h>
int main()
{
    FILE *fpa,*fpb;
    if((fpa=fopen("D:\\C 实例\\a.txt","r"))==NULL)
    {
        printf("Cannot open file a.txt!\n!");
        return 0;
    }
    if((fpb=fopen("D:\\C 实例\\b.txt","r+"))==NULL)
    {
        printf("Cannot open file b.txt!\n!");
        return 0;
    }
    while(!feof(fpa))
        fputc(fgetc(fpa),fpb);/*文件复制*/
    if(fclose(fpa))
        printf("Can not close file a.txt!\n");
    if(fclose(fpb))
        printf("Can not close file b.txt!\n");
    return 0;
}
```

运行前 a.txt 文件如图 8-3 所示，运行后 b.txt 文件如图 8-4 所示。

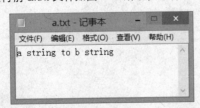

图8-3 a.txt文件

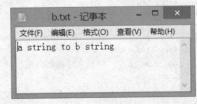

图8-4 b.txt文件

（3）格式化读写

文件操作中也有指定格式的输入输出函数：fscanf()和 fprintf()，它们除了对字符类型有效外，还对数值类型有效。

fscanf()函数、fprintf()函数与前面使用的 scanf()和 printf()函数的功能相似，都是格式化读写函数。两者的区别在于 fscanf()函数和 fprintf()函数的读写对象不是键盘和显示器，而是磁盘文件。

这两个函数的调用格式为：

```
fscanf(文件指针,格式字符串,输入表列);
fprintf(文件指针,格式字符串,输出表列);
```

例如：

```
fscanf(fp,"%d%s",&i,s);
fprintf(fp,"%d%c",j,ch);
```

【例 8-7】文件 f1.txt 中保存了学生的成绩，请分别读出，计算其平均值并存入文件 f2.txt。

```c
#include<stdio.h>
#include<stdlib.h>
int main()
{
    float score,sum=0.0;
    int n=0;
    FILE *fp1,*fp2;
    if((fp1=fopen("D://C 实例//f1.txt","r"))==NULL)
    {
        printf("Cannot open file f1.txt!\n!");
        exit(0);
    }
    if((fp2=fopen("D://C 实例//f2.txt","w"))==NULL)
    {
        printf("Cannot open file f2.txt!\n!");
        exit(0);
    }
    while(!feof(fp1))
    {
        fscanf(fp1,"%f",&score);
        sum=sum+score;
        n++;
    }
    fprintf(fp2,"%f",sum/n);
    if(fclose(fp1))
        printf("Can not close file f1.txt!\n");
    if(fclose(fp2))
        printf("Can not close file f2.txt!\n");;
    return 0;
}
```

f1.txt 文件中学生成绩如图 8-5 所示，运行后 f2.txt 文件平均成绩如图 8-6 所示。

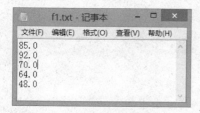

图8-5　f1.txt文件中学生成绩

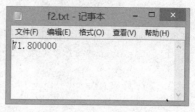

图8-6　f2.txt文件中平均成绩

2. 对二进制文件的操作

二进制文件中的数据流是非字符的，它包含的是数据在计算机内部的二进制形式。二进制文件的读写效率比文本文件要高，因为它不必把数据与字符做转换。C 语言对二进制文件的处理程序与文本文件相似，在文件打开的方式上有所不同，分别用"rb""wb"和"ab"表示二进制文件的读、写和添加。

在二进制文件中，如果需要一次读取或写入一组数据（例如一个结构体变量的值）时，即一个数据块，可以使用数据块读写函数 fread() 和 fwrite()。

C 语言还提供了用于整块数据的读写函数。可用来读写一组数据，如一个数组元素，一个结构变量的值等。

读数据块函数调用的一般形式为：

```
fread(buffer,size,count,fp);
```

写数据块函数调用的一般形式为：

```
fwrite(buffer,size,count,fp);
```

其中，

- buffer：是一个指针，在 fread() 函数中，它表示存放输入数据的首地址。在 fwrite() 函数中，它表示存放输出数据的首地址。
- size：表示数据块的字节数。
- count：表示要读写的数据块块数。
- fp：表示文件指针。

例如：

```
fread(fa,4,5,fp);
```

其含义是从 fp 所指的文件中，每次读 4 个字节（一个实数）送入实型数组 fa 中，连续读 5 次，即读 5 个实数到 fa 中。

【例 8-8】从键盘输入两个学生数据，写入一个文件中，再读出这两个学生的数据，显示在屏幕上。

```
#include<stdio.h>
struct stu
{
    char name[10];
    int num;
    int age;
    char addr[15];
}boya[2],boyb[2],*pp,*qq;
int main()
{
    FILE *fp;
    int i;
    pp=boya;
    qq=boyb;
    if((fp=fopen("D://C 实例//student","wb+"))==NULL)
    {
        printf("Cannot open file!");
        return 0;
    }
```

```
    printf("input data:\n");
    for(i=0;i<2;i++,pp++)
        scanf("%s%d%d%s",pp->name,&pp->num,&pp->age,pp->addr);
    pp=boya;
    fwrite(pp,sizeof(struct stu),2,fp);
    rewind(fp); //把文件内部的位置指针移到文件首
    fread(qq,sizeof(struct stu),2,fp);
    printf("\nname\tnumber\tage\taddr\n");
    for(i=0;i<2;i++,qq++)
        printf("%s\t%5d%7d %s\n",qq->name,qq->num,qq->age,qq->addr);
    fclose(fp);
    return 0;
}
```

程序运行结果：

```
input data:
张三  01  20  湖南长沙↙
李四  02  19  湖南衡阳↙


name     num      age     addr
张三     01       20      湖南长沙
李四     02       19      湖南衡阳
```

本实例中定义一个结构 stu，说明了两个结构数组以及两个结构指针变量。以读写方式打开二进制文件，输入两个学生数据之后，写入该文件中，然后把文件内部位置指针移到文件首，读出两个学生数据后，在屏幕上显示。

3. 标准文件的输入输出

为了在处理形式上更为一致，计算机操作系统一般把外设也看作文件，键盘是输入文件，显示器是输出文件。为了区别于磁盘上的普通文件，C 语言定义了 3 个标准文件，如下：

```
stdin:标准输入文件
stuout:标准输出文件
stderr:标准出错信息输出文件
```

我们可以不必进行打开操作而直接对这些标准文件进行读写操作。例如：

```
printf(输出格式，输出表) fprintf(stdout,输出格式，输出表)
scanf(输入格式，输入表) fscanf(stdin,输入格式，输入表)
```

任务实现

步骤 1：启动 Visual C++ 6.0。

步骤 2：新建 C 语言源程序文件（Chapter8-1.c）。

步骤 3：在 C 语言源程序文件中，输入如下代码。

图书结构体的定义如下所示。

```
struct Book
{
    char ISBN[14];
    char Name[20];
```

```c
    double Price;
    char Author[20];
    char publish[30];
};
#include<stdio.h>
int main()
{
    FILE *fp;
    if((fp=fopen("D:\\Book.txt","r+"))==NULL)
    {
        printf("Cannot open file!");
        return 0;
    }
    printf("当前信息\n\n");
    for(int i=1;;i++)
    {
        if(feof(fp))
        break;
        char str[100];
        fscanf(fp,"%s",str);
        printf("%s\n",str);
    }
    fclose(fp);
    Book b;
    printf("请输入编号: ");
    scanf("%s",b.ISBN);
    printf("请输入书名: ");
    scanf("%s",b.Name);
    printf("请输入价格: ");
    scanf("%lf",&b.Price);
    printf("请输入作者: ");
    scanf("%s",b.Author);
    printf("请输入出版社: ");
    scanf("%s",b.publish);
    fp=fopen("D:\\Book.txt","a+");
    fprintf(fp,"%s\n",b.ISBN);
    fprintf(fp,"%s\n",b.Name);
    fprintf(fp,"%lf\n",b.Price);
    fprintf(fp,"%s\n",b.Author);
    fprintf(fp,"%s\n",b.publish);
    fprintf(fp,"%s\n","--------------------");
    fclose(fp);
    return 0;
}
```

步骤4：编译连接。

步骤5：执行，运行结果如下所示。

```
1001
C语言程序设计
35.000000
```

```
谭浩强
清华大学出版社
----------------------
1002
数据结构
35.000000
李春葆
清华大学
----------------------
请输入编号：1003↙
```

任务 8.2 随机存取会员信息

⊕ 学习目标

● 掌握文件定位函数 rewind()和 fseek()函数的使用方法；
● 掌握文本的随机读写方式。

文件的随机读写

⊕ 任务描述

顺序文件读取某个记录时，需要从第一个记录开始依次读取，如果数据量很大，要检索某个记录，显然效率不高。随机文件可实现直接定位到操作的目标记录上，实现直接存取，这样就可以读写数据文件中的任意数据记录，不需要从第一条记录依次读取。

本次任务采用随机读写的方式，实现对会员信息的管理，完成将会员信息写入文件，读取文件中所有会员信息，修改指定位置的会员记录的任务。

⊕ 相关知识

实现随机读写的关键是要按要求移动位置指针，这称为文件的定位。

移动文件内部位置指针的函数主要有两个，即 rewind()和 fseek()。rewind()函数前面已多次使用过，其调用形式为：

```
rewind(文件指针);
```

它的功能是把文件内部的位置指针移到文件首。

下面主要介绍 fseek()函数。fseek()函数用来移动文件内部位置指针，其调用形式为：

```
fseek(文件指针,位移量,起始点);
```

● "文件指针"指向被移动的文件。
● "位移量"表示移动的字节数，要求位移量是 long 型数据，以便在文件长度大于 64KB 时不会出错。当用常量表示位移量时，要求加后缀 "L"。
● "起始点"表示从何处开始计算位移量，规定的起始点有 3 种：文件首、当前位置和文件尾。其表示方法如表 8-2 所示。

表 8-2　文件位移量

起始点	表示符号	数字表示
文件首	SEEK_SET	0
当前位置	SEEK_CUR	1
文件末尾	SEEK_END	2

例如：

```
fseek(fp,100L,0);
```

其含义是把位置指针移到离文件首 100 个字节处。fseek()函数一般用于二进制文件。由于在文本文件中要进行转换，故往往计算的位置会出现错误。

【例 8-9】从键盘输入 10 个字符，写入文件 f3.txt 中，再重新读出，输出到屏幕上。

```c
#include<stdio.h>
#include<stdlib.h>
int main()
{
    int i;
    char ch;
    FILE *fp;
    if((fp=fopen("D://C 实例//f3.txt","r+"))==NULL)
    {
        printf("Cannot open file f3.txt!\n!");
        exit(0);
    }
    for(i=0;i<10;i++)
    {
        ch=getchar();
        fputc(ch,fp);
    }
    rewind(fp);
    for(i=0;i<10;i++)
    {
        ch=fgetc(fp);
        putchar(ch);
    }
    if(fclose(fp))
    {
        printf("Can not close file!\n");
        exit(0);
    }
    printf("\n");
    return 0;
}
```

程序运行结果：

```
helloworld↙
helloworld
```

结果如图 8-7 所示。

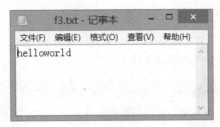

图8-7　文件f3.txt

【例 8-10】在例 8-8 的学生文件 student 中读出第二个学生的数据。

```c
#include<stdio.h>
#include<stdlib.h>
struct stu
{
    char name[10];
    int num;
    int age;
    char addr[15];
}boy,*qq;
int main()
{
    FILE *fp;
    int i=1;
    qq=&boy;
    if((fp=fopen("D://C实例//student","rb"))==NULL)
    {
        printf("Cannot open file strike any key exit!");
        getchar();
        exit(0);
    }
    rewind(fp);
    fseek(fp,i*sizeof(struct stu),0);
    fread(qq,sizeof(struct stu),1,fp);
    printf("name\tnumber    age      addr\n");
    printf("%s\t%5d  %7d      %s\n",qq->name,qq->num,qq->age,qq->addr);
    return 0;
}
```

程序运行结果：

name	number	age	addr
李四	20120102	19	湖南衡阳

　　本实例用随机的方法读出文件中第二个学生的数据，以读二进制文件方式打开文件，移动文件位置指针，从文件头开始，移动一个 stu 类型的长度，然后再读出数据即为第二个学生的数据。

　　在移动位置指针之后，即可用前面介绍的任意一种读写函数进行读写。由于一般是读写一个数据块，因此常用 fread() 和 fwrite() 函数。

　　C 语言中常用的文件检测函数有以下几个。

（1）文件结束检测函数 feof()，调用格式：

```
feof(文件指针);
```

判断文件是否处于文件结束位置，如文件结束，则返回值为 1，否则为 0。

（2）读写文件出错检测函数 ferror()，调用格式：

```
ferror(文件指针);
```

检查文件在用各种输入输出函数进行读写时是否出错。如 ferror() 返回值为 0 表示未出错，否则表示有错。

（3）文件出错标志和文件结束标志置 0 函数 clearerr()，调用格式：

```
clearerr(文件指针);
```

该函数用于清除出错标志和文件结束标志，使它们为 0 值。

为了保障系统安全，通常采取用户账号和密码登录系统。系统用户信息存放在一个文件中，系统账号名和密码由若干字母与数字字符构成，因安全需要文件中的密码不能是明文，必须要经过加密处理。

【例 8-11】输入 5 个用户信息（包含账号名和密码）并写入文件 f12-2.dat。要求文件中每个用户信息占一行，账号名和加密过的密码之间用一个空格分隔。

密码加密算法：对每个字符 ASCII 码的低四位求反，高四位保持不变（即将其与 15 进行异或）。

```c
#include <stdio.h>
#include <string.h>
#include<stdlib.h>
#include <process.h>
struct sysuser
{                       /*定义系统用户账号信息结构*/
   char username[20];
   char password[8];
};
int main(void)
{
   FILE *fp;                    /*1.定义文件指针*/
   int i;
   void encrypt(char *pwd);
   struct sysuser su;
   /*2.打开文件，进行写入操作*/
   if((fp=fopen("User.txt","w"))== NULL)
   {
        printf("File open error!\n");
     exit(0);
   }/*3. 将 5 位用户账号信息写入文件*/
   for(i=1;i<=5;i++)
   {
       printf("Enter %dth sysuser(name password):",i);
       scanf("%s%s",su.username,su.password);   /*输入用户名和密码 */
       encrypt(su.password);                      /*进行加密处理*/
       fprintf(fp,"%s %s\n",su.username,su.password);  /*写入文件*/
   }
   if(fclose(fp))  /*4.关闭文件*/
```

```
    {
        printf("Can not close the file!\n");
        exit(0);
    }
    return 0;
}
/*加密算法*/
void encrypt(char *pwd)
{
    int i;
    /*与15（二进制码是00001111）异或，实现低四位取反，高四位保持不变*/
    for(i=0;i<strlen(pwd);i++)
    pwd[i] = pwd[i] ^ 15;
}
```

程序运行结果：

```
Enter 1th sysuser(name password):admin 123✓
Enter 2th sysuser(name password):test test✓
Enter 3th sysuser(name password):zhang zhang✓
Enter 4th sysuser(name password):li li✓
Enter 5th sysuser(name password):chen chen✓
```

加密后写入 User.txt 文件中，文件内容如图 8-8 所示。

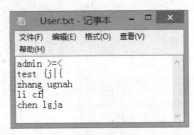

图8-8　加密后User.txt文件内容

任务实现

步骤 1：启动 Visual C++ 6.0。

步骤 2：新建 C 语言源程序文件（Chapter8-2.c）。

步骤 3：在 C 语言源程序文件中，输入如下代码。

步骤 4：编译连接。

步骤 5：执行，运行结果如下所示。

```
请输入要查看的数据1~3：2✓
会员卡号：987654321
会员姓名：李强
积分：45
年龄：18
联系方式：13546578956
```

项目实战——图书超市收银系统售书记录存储

本项目设计与实现图书超市收银系统中售书历史清单记录功能。在收银结账时，系统将本次售书信息记录到文件中，以便日后可以查看售书历史清单。

本任务目的如下。

● 通过本案例的操作，可以实现售书历史清单记录存储功能，用户可以查看。

● 掌握使用文件存储售书记录的方法。

实现步骤如下。

（1）在收银结账时，系统将本次售书信息记录到文件中。

```c
void savedata(Book book[100],double sum)
{
    FILE *fp;
    fp=fopen("data.txt","a+");
    time_t t = time(0);
    char tmp[64];
    strftime( tmp, sizeof(tmp), "购买时间: %Y/%m/%d",localtime(&t) );
    fprintf(fp,"%s\n",tmp);
    fprintf(fp,"----------------------------------------------\n");
//只会对未超过他本身字符个数的数据有效。所以这里可能出现不对称的问题。具体排版看自己安排
    fprintf(fp,"编号\t 书名\t 价格\t 作者\t 出版社\t 数量\n");
    for(int i=0;i<counter;i++)
    {
        if(book[i].buy!=0)
        {
            fprintf(fp,"%s\t",book[i].ISBN);
            fprintf(fp,"%s\t",book[i].Name);
            fprintf(fp,"%.2lf\t",book[i].Price);
            fprintf(fp,"%s\t",book[i].Author);
            fprintf(fp,"%s\t",book[i].publish);
            fprintf(fp,"%d\n",book[i].buy);
            book[i].buy=0;
        }
    }
    fprintf(fp,"----------------------------------------------\n");
    fprintf(fp,"总价格%.2lf\n",sum);
    fclose(fp);
}
```

（2）查看售书历史清单记录。

```c
printf("售书历史记录\n\n");
    FILE *fp;
    fp=fopen("data.txt","a+");
    for(int k=0;;k++)
    {
        char str[100];
        fscanf(fp,"%s",str);
```

```
            if(feof(fp))
            {
//这里的 k 用来记入是第几次读取数据，因为我们要判断如果第一次读入就为空就要退出
                if(k)
                {
                    fclose(fp);
                    break;
                }
                else
                {
                    printf("没有售书历史记录，赶快去购买几本图书吧！\n\n");
                    fclose(fp);
                    break;
                }
            }
            printf("%s\n",str);
            fscanf(fp,"%s",str);
            printf("%s\n",str);
            for(int i=1;fscanf(fp,"%s",str);i++)
            {
            if(strcmp(str,"-----------------------------------------------"))
                printf("%s",str);
               else     break;
                if(i==6)
                {
                    printf("\n");
                    i=0;
                }
                else
                    printf("\t");
            }
            printf("%s\n",str);
            fscanf(fp,"%s",str);
            printf("%s\n\n",str);
        }
        system("pause");
        fclose(fp);
```

添加图书信息、删除图书和修改图书功能也可用文件来实现，就留待读者思考与实现。

项目小结

　　本项目主要介绍了 C 语言程序中文件的使用方法，C 语言把文件当作"字节流"，通过文件指针指向这个"字节流"，然后再使用系统提供的函数对文件进行读、写和定位等操作。

　　对文件操作有 3 大步骤：打开文件、读写文件和关闭文件。一旦文件被打开，就自动在内存中建立该文件的 FILE 结构，且可同时打开多个文件。

习题八

一、选择题

1. 系统的标准输入文件是指（　　）。

  A. 键盘　　　　　　　B. 显示器　　　　　　　C. 软盘　　　　　　　D. 硬盘

2. 若执行 fopen() 函数时发生错误，则函数的返回值是（　　）。

  A. 地址值　　　　　　B. 0　　　　　　　　　C. 1　　　　　　　　　D. EOF

3. 若要用 fopen() 函数打开一个新的二进制文件，该文件要既能读也能写，则文件使用方式字符串应是（　　）。

  A. "ab+"　　　　　　B. "wb+"　　　　　　　C. "rb+"　　　　　　　D. "ab"

4. fscanf() 函数的正确调用形式是（　　）。

  A. fscanf（fp，格式字符串，输出表列）

  B. fscanf（格式字符串，输出表列，fp）；

  C. fscanf（格式字符串，文件指针，输出表列）；

  D. fscanf（文件指针，格式字符串，输入表列）；

5. fgetc() 函数的作用是从指定文件读入一个字符，该文件的打开方式必须是（　　）。

  A. 只写　　　　　　　　　　　　　　B. 追加

  C. 读或读写　　　　　　　　　　　　D. 答案 B 和 C 都正确

6. 函数调用语句：fseek(fp,–20L,2); 的含义是（　　）。

  A. 将文件位置指针移到距离文件头 20 个字节处

  B. 将文件位置指针从当前位置向后移动 20 个字节

  C. 将文件位置指针从文件末尾处后退 20 个字节

  D. 将文件位置指针移到离当前位置 20 个字节处

7. 利用 fseek() 函数可实现的操作（　　）。

  A. fseek（文件类型指针，起始点，位移量）；

  B. fseek（fp，位移量，起始点）；

  C. fseek（位移量，起始点，fp）；

  D. fseek（起始点，位移量，文件类型指针）；

8. 在执行 fopen() 函数时，ferror() 函数的初值是（　　）。

  A. TURE　　　　　　B. –1　　　　　　　　C. 1　　　　　　　　　D. 0

二、编程题

1. 将字符串"End of document"追加到文本文件 a.txt 的内容之后。

2. 一条学生的记录包括学号、姓名和成绩等信息。

（1）格式化输入多个学生记录。

（2）利用 fwrite() 将学生信息按二进制方式写到文件中。

（3）利用 fread() 从文件中读出成绩并求平均值。

（4）对文件中的记录按成绩排序，将成绩单写入文本文件中。

9 Chapter

项目 9
使用图形展示售书记录

　　随着图形化操作系统的出现,用户越来越不满足于文本方式的交互,绚丽的图形用户界面越来越受到用户的青睐,再加上数据的分析、统计是信息管理系统中非常重要的功能,用更加直观的图形用户界面展示数据信息是一个信息管理系统中必须具备的功能。

　　本项目通过系统时钟的绘制及图书超市收银系统欢迎界面的绘制这两个任务,讲述 C 语言中图形方式初始化、关闭图形方式、图形显示器的工作方式、绘图环境管理、常用的绘制直线、绘制多边形、绘制圆弧等函数、图形属性设置、图形填充以及图形方式下文本输出。学会使用常用图形函数绘制相关图形,掌握绘图属性设置,图形填充以及在绘图模式下输出文本信息。

任务 9.1　系统时钟的绘制

学习目标

- 理解图形系统管理；
- 理解绘图环境；
- 掌握常用绘图函数的使用方法。

任务描述

绚丽的图形用户界面越来越受到用户的青睐，用图形展示信息更加直观。本任务完成系统时钟的绘制。运行效果如图 9-1 所示。

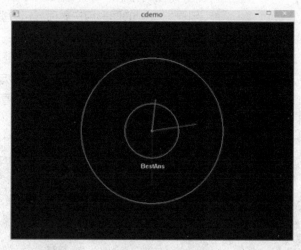

图9-1　系统时钟效果图

相关知识

许多学编程的读者都是从 C 语言开始入门的，现状如下。

（1）有些学校以 Turbo C 为环境讲 C 语言，但 Turbo C 的编辑环境较老，复制粘贴都很不方便。

（2）有些学校直接拿 VC 来讲 C 语言，因为 VC 的编辑和调试环境都很优秀，并且 VC 有适合教学的免费版本。可惜，在 VC 下只能做一些文字性的练习题，想画条直线画个圆都很难，还要注册窗口类、建消息循环等，初学者会受严重打击的。初学编程想要绘图就得用 TC，很是无奈。

所以，在这里我们使用 EasyX 库，完美地结合 VC 方便的开发平台和 TC 简单的绘图功能，展现一个更好的学习平台。

C 语言中提供了丰富的图形函数，所有图形函数的原型均在 graphics.h 头文件中。本章主要介绍图形模式的初始化、独立图形程序的建立、基本图形函数功能、图形窗口以及图形模式文本输出等函数。另外，使用图形函数时要确保有显示器图形驱动程序*BGI，同时将集成开发环境 Options/Linker 中的 Graphics lib 选为 on，只有这样才能保证正确使用图形函数。

要在程序中调用这些图形函数，必须在程序文件的开头写上文件包含命令：

```
#include<graphics.h>
```

9.1.1 图形系统管理

1. 图形方式初始化

一般在默认情况下，屏幕为 80 列、25 行的文本方式，前面章节都是在文本方式下进行输入输出。在文本方式下，所有的图形函数均不能操作，因此在使用图形函数绘图之前，必须将屏幕显示适配器设置为一种图形模式，这就是我们讲的"图形方式初始化"。不同的显示器适配器有不同的图形分辨率，即使同一显示器适配器，在不同模式下也有不同分辨率。在绘图工作结束后，又要使屏幕回到文本方式，以便进行程序文件的编辑工作。C 语言中提供了 14 个函数来进行对图形系统的控制和管理工作。

initgraph()函数用于初始化绘图环境，其调用格式为：

```
HWND initgraph(
    int width,
    int height,
    int flag = NULL
);
```

返回值：创建的绘图窗口的句柄。

参数：

width：绘图环境的宽度。

height：绘图环境的高度。

flag：绘图环境的样式，默认为 NULL。

flag 可为以下值，如表 9-1 所示。

表 9-1 flag 取值情况

值	含义
NOCLOSE	禁用绘图环境的关闭按钮
NOMINIMIZE	禁用绘图环境的最小化按钮
SHOWCONSOLE	保留原控制台窗口

示例：

以下局部代码创建一个尺寸为 640×480 的绘图环境：

```
initgraph(640, 480);
```

以下局部代码创建一个尺寸为 640×480 的绘图环境，同时显示控制台窗口：

```
initgraph(640, 480, SHOWCONSOLE);
```

以下局部代码创建一个尺寸为 640×480 的绘图环境，同时显示控制台窗口，并禁用关闭按钮：

```
initgraph(640, 480, SHOWCONSOLE | NOCLOSE);
```

2. 关闭图形方式

在运行图形程序绘图结束后，又要回到文本方式以进行其他工作，这时应关闭图形方式。关闭图形方式要用函数 closegraph()。其调用格式为：

```
void closegraph();
```

函数 closegrahp()的作用是：释放所有图形系统分配的存储区，恢复到调用函数 initgraph()之前的状态。函数 closegraph()不需要参数。

3. 图形显示器的工作方式

（1）文本模式与字符坐标系

在未通过图形初始化之前的屏幕上，只能显示字符的方式称为文本模式。C 语言能在指定位置显示字符，该坐标系以屏幕的左上角为坐标原点，水平向为 X 轴，自左向右；垂直方向为 Y 轴，自上向下，坐标原点为（0，0）。能显示的行数、列数及颜色与显示方式有关。Turbo C 支持 6 种不同的文本显示方式。

（2）图形模式与点坐标系

在屏幕上能显示图形的方式称为图形方式。屏幕是由像素点组成的，通过 initgraph()函数的 gmode 参数来指定屏幕的分辨率，分辨率决定了像素点的多少。

在图形方式下，屏幕上每个像素的显示位置用点坐标系来描述。

在该坐标系中，屏幕的左上角为坐标原点 O（0，0），水平方向为 X 轴，自左向右；垂直方向为 Y 轴，自上向下，如图 9-2 所示。分辨率不同，水平方向和垂直方向上的点数也不一样，即 maxx、maxy 的数值不同。

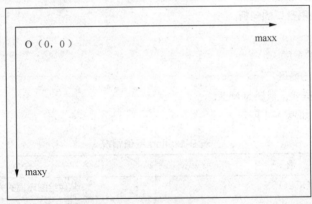

图9-2　屏幕坐标系

在 Turbo C 中，坐标数据有两种给出形式：一种是绝对坐标；另一种是相对坐标。绝对坐标的参考点是坐标的原点 O（0，0），x 和 y 的值只能取规定范围内的正整数，其坐标值在整个屏幕范围内确定。相对坐标是相对于"当前点"的坐标，所以其参考点不是坐标系的原点，而是当前点。在相对坐标中，x 和 y 的取值是相对于当前点在 X 方向和 Y 方向上的增量，这个增量可以是正的，也可以是负的，所以 x 和 y 的值可以是正整数，也可以是负整数。此外，把在一个窗口范围内确定的坐标也称为相对坐标。

【例 9-1】简单绘图程序。

```c
#include <graphics.h>          // 绘图库头文件，绘图语句需要
#include <conio.h>             // 控制台输入输出头文件，getch()语句需要
void main()
{
    initgraph(640, 480);       // 初始化 640×480 的绘图屏幕
    line(200, 240, 440, 240);  // 画线(200,240) - (440,240)
    line(320, 120, 320, 360);  // 画线(320,120) - (320,360)
    getch();     // 按任意键
```

```
    closegraph();    // 关闭绘图屏幕
}
```

程序运行结果如图 9-3 所示。

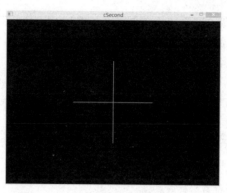

图9-3　运行结果图

本实例首先创建的绘图屏幕 640×480，表示横向有 640 个点，纵向有 480 个点。注意：左上角是原点（0，0），也就是说，Y 轴和数学的 Y 轴是相反的。

getch()函数等待从键盘输入一个字符（即敲任意键），在敲任意键之前，图形一直保持在屏幕上。当敲了任意键后，程序执行语句 closegraph()函数关闭绘图方式，回到文本方式。

9.1.2　绘图环境管理

C 语言提供了很多函数，用于对绘图屏幕和视图区等进行控制管理。

与绘图环境相关的函数如表 9-2 所示。

表 9-2　绘图环境函数表

函数或数据	描述
cleardevice	清除屏幕内容
initgraph	初始化绘图窗口
closegraph	关闭图形窗口
getaspectratio	获取当前缩放因子
setaspectratio	设置当前缩放因子
graphdefaults	恢复绘图环境为默认值
setorigin	设置坐标原点
setcliprgn	设置当前绘图设备的裁剪区
clearcliprgn	清除裁剪区的屏幕内容

（1）cleardevice()函数：用于清除屏幕内容，是用当前背景色清空屏幕，并将当前点移至（0，0）。

```
void cleardevice();
```

（2）getaspectratio()函数：用于获取当前缩放因子。

```
void getaspectratio(float *pxasp,float *pyasp);
```

参数：pxasp 返回 X 方向上的缩放因子，pyasp 返回 Y 方向上的缩放因子。

返回值：无。

（3）setaspectratio()函数：用于设置当前缩放因子。

```
void setaspectratio(float xasp,float yasp);
```

参数：xasp 为 X 方向上的缩放因子，例如绘制宽度为 100 的矩形，实际的绘制宽度为 100*xasp。yasp 为 Y 方向上的缩放因子，例如绘制高度为 100 的矩形，实际的绘制高度为 100*yasp。

返回值：无。

说明：

如果缩放因子为负，可以实现坐标轴的翻转。例如，执行 setaspectratio(1, −1)后，可使 Y 轴向上为正。

（4）graphdefaults()函数：用于重置视图、当前点、绘图色、背景色、线形、填充类型和字体。

```
void graphdefaults();
```

返回值：无。

（5）setorigin()函数：用于设置坐标原点。

```
void setorigin(int x, int y);
```

x：原点的 X 坐标（使用物理坐标），y：原点的 Y 坐标（使用物理坐标）。

返回值：无。

（6）setcliprgn()函数：用于设置当前绘图设备的裁剪区。

```
void setcliprgn(HRGN hrgn);
```

参数：hrgn 为区域的句柄，创建区域所使用的坐标为物理坐标，如果该值为 NULL，表示取消之前设置的裁剪区。

返回值：无。

说明：

HRGN 是 Windows 定义的表示区域的句柄。将该区域设置为裁剪区后，任何区域外的绘图都将无效（但仍然可以通过操作显存在裁剪区外绘图）。

可以使用 Windows GDI 函数创建一个区域。例如，创建矩形区域可以使用函数：

```
HRGN CreateRectRgn(int left, int top, int right, int bottom);
```

此外，还可以使用函数 CreateEllipticRgn()创建椭圆形的区域，使用 CreatePolygonRgn()创建多边形的区域等。还可以使用 CombineRgn()组合区域。更多关于区域的 GDI 函数，请参考 MSDN 中的 Region Functions。

 注 意

创建区域后，如果不再使用，请执行 DeleteObject(HRGN hrgn) 以释放该区域对应的系统资源。

【例 9-2】创建一个矩形裁剪区，并在该裁剪区内画圆。

```c
#include <graphics.h>
#include <conio.h>
int main()
{
    initgraph(640, 480); /* 初始化绘图窗口*/
    HRGN rgn = CreateRectRgn(100, 100, 200, 200); /*创建一个矩形区域*/
```

```
setcliprgn(rgn); /*将该矩形区域设置为裁剪区*/
DeleteObject(rgn); /* 不再使用 rgn，清理 rgn 占用的系统资源*/
circle(150, 150, 55); /* 画圆，受裁剪区影响，只显示出 4 段圆弧*/
setcliprgn(NULL); /*取消之前设置的裁剪区*/
circle(150, 150, 60); /*画圆，不再受裁剪区影响，显示出一个完整的圆*/
getch();/*按任意键退出*/
closegraph();
return 0;
}
```

程序运行结果如图 9-4 所示。

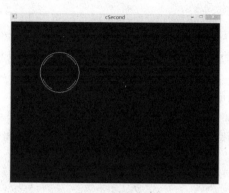

图9-4 运行结果

（7）clearcliprgn()函数：用于清空裁剪区的屏幕内容。

```
void clearcliprgn();
```

返回值：无。

9.1.3 绘图函数

绘图函数是编写绘图程序的基础，是任何一种图形软件的核心内容。从理论上来说，用像素点几乎可以画出任何图形，但毕竟效率太低。为此，C 程序的 BGI（Borland Graphics Interface）提供了大量的基本绘图函数，以方便图形设计。

在用图形函数作图时，要随时注意画图的"当前点位置"，它是绘图的起始位置。也就是说，图形总是从当前点开始画。画完一个图形后，有时当前点位置不变，仍在原来的位置；而有时则要把当前点移到新的位置。此外，为了从指定位置开始作图，有时需要先移动当前点位置，然后再作图。这些，在调用绘图函数的时候需要注意。

1. 直线类绘图函数

用直线类函数绘制直线图形，可以用两种坐标：一种是绝对坐标；另一种是相对坐标。

几个常用的函数如下。

（1）moveto()函数

点的绝对定位函数，用于移动当前点位置。

```
调用形式：moveto(x,y);
```

参数 x，y 用于指定新的当前点位置坐标，整型数据，使用绝对坐标。调用结果是将当前点位置移到点（x，y）处。例如：

```
moveto(100,100)                    /*结果是将当前点位置移到了(100,100)处*/
```

（2）moverel()函数

点的相对定位函数，功能与 moveto()函数相似，但它使用的是相对坐标，它使用当前点位置在 X 和 Y 方向上分别移动一个增量。

调用形式：`moverel(dx,dy);`

参数 dx，dy 为整型，是相对于当前点位置的增量。它们不绘制图形，只改变当前点的位置，接着用绘图函数绘图。

（3）line()函数

指定两个绝对点绘直线函数。

调用形式：`line(x1,y1,x2,y2)`

参数 x1，y1，x2，y2 均为整型，使用绝对坐标。其中（x1，y1）和（x2，y2）分别为直线的两个端点坐标。

用 line()函数画线时，其当前点的位置不变。

例如，下面的调用可在屏幕（VGA）上画出一条对角线，line(0,0,639,479);

如果已知三角形的 3 个顶点坐标分别为：（x1，y1）、（x2，y2）和（x3，y3），则可以用 line()函数画 3 条直线构成一个三角形。

```
line(x1,y1,x2,y2);
line(x2,y2,x3,y3);
line(x3,y3,x1,y1);
```

（4）lineto()函数

从当前点到指定的点绘制直线的函数，并改变当前点的位置。所以执行的结果是，在画线到指定点的同时也把当前点的位置移到了指定点（即直线的终点）。其调用格式为：

```
lineto(x,y);
```

参数 x，y 为指定坐标，均为整型。

（5）linerel()函数

从当前点到指定的点绘制直线函数，指定点位置的坐标不是以绝对坐标的形式给出，而是以其相对于当前点（即直线点）位置的坐标增量给出的。调用格式为：

```
linerel(dx,dy);
```

参数 dx，dy 为整型。

该函数画线的同时，将当前点的位置移到（x+dx，y+dy）。设当前坐标为（x，y），则 linerel(dx,dy) 与 lineto(x+dx,y+dy)等价。

通过下面几个实例体会上面所说函数在使用上的差别。

设要过 4 点（160，120）、（480，120）、（480，360）和（160，360）画一个矩形，不同的函数的绘图程序不同，分别如下。

【例 9-3】使用 line()函数画矩形。

```
#include<graphics.h>
#include <conio.h>
int main()
{
    initgraph(640, 480); /* 初始化绘图窗口*/
```

```
    cleardevice();
    line(160,120,480,120);
    line(480,120,480,360);
    line(480,360,160,360);
    line(160,360,160,120);
    getch();
    closegraph();
    return 0;
}
```

程序运行结果如图 9-5 所示。

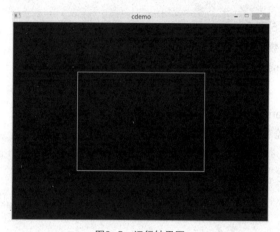

图9-5 运行结果图

【例 9-4】使用 lineto()函数画矩形。

```
#include<graphics.h>
#include <conio.h>
int main()
{
    initgraph(640, 480); /* 初始化绘图窗口*/
    cleardevice();
    moveto(160,120);
    lineto(480,120);
    lineto(480,360);
    lineto(160,360);
    lineto(160,120);
    getch();
    closegraph();
    return 0;
}
```

程序运行结果如图 9-5 所示。

【例 9-5】使用 linerel()函数画矩形。

```
#include<graphics.h>
#include <conio.h>
int main()
{
```

```
    initgraph(640, 480); /* 初始化绘图窗口*/
    cleardevice();
    moveto(160,120);
    linerel(320,0);
    linerel(0,240);
    linerel(-320,0);
    linerel(0,-240);
    getch();
    closegraph();
    return 0;
}
```

程序运行结果如图 9-5 所示。

（6）getx()，gety()函数分别是读取当前点的位置 x, y 坐标值。

（7）getmaxx()，getmaxy()函数分别读取 X, Y 轴的最大坐标值。

2. 绘多边形函数

（1）画矩形函数 rectangle()

函数 rectangle 用于绘制矩形。其调用格式为：

```
rectangle(x1,y1,x2,y2);
```

参数 x1, y1, x2, y2 均为整型。

函数的功能是以点（x1，y1）为矩形的左上角顶点，以点（x2，y2）为矩形的右下角顶点，画一个正方的矩形。

【例 9-6】在【例 9-3】中画的矩形，可以用函数 rectangle()的一次调用来实现。

```
#include<graphics.h>
#include <conio.h>
int main()
{
    initgraph(640, 480); /* 初始化绘图窗口*/
    cleardevice();
    rectangle(160,120,480,360);
    getch();
    closegraph();
    return 0;
}
```

程序运行结果如图 9-5 所示。

注：将 rectangle(160,120,480,360);修改为 rectangle(160,120,400,360);此时图形为正方形。

（2）画多边形函数 drawpoly()

函数 drawpoly()可用于画一条多边折线。其调用格式为：

```
drawpoly(n ,* polypoints) ;
```

其中参数，n 为多边形顶点数，* polypoints 指向一个整形数组，共由 2n 个整数组成，每对整数给出了一个多边形顶点（x，y）坐标。

3. 绘圆弧函数

（1）circle()函数

函数 circle()用于以指定圆心和半径的方式画圆。其调用格式为：

```
circle(x,y,r);
```

参数 x，y，r 均为整型。其中（x，y）为指定的圆心坐标，r 为圆的半径。例如，circle(320,240,100); 的调用结果是以点（320，240）为圆心，以 100 为半径画一个整圆。

（2）arc()函数

arc()函数用于画圆弧。其调用格式为：

```
arc(x,y,angs,ange,r);
```

函数调用时所需要的 5 个参数均为整型。其中：

x，y：为圆弧所在圆的圆心坐标。

angs、ange：分别为圆弧的起始角和终止角，以"度"为单位。

r：为圆弧的半径。

例如：

arc(320,240,90,180,100);的结果是以点（320，240）为圆心，100 为半径，从 90 度到 180 度画了四分之一个圆的圆弧。

当圆弧的起始角 angs=0，终止角 ange=360 时，则可以画一个整圆。

（3）ellipse()函数

ellipse()函数用于画椭圆，函数的调用格式为：

```
void ellipse(int left,int top,int right,int bottom);
```

参数：left 为椭圆外切矩形的左上角 x 坐标，top 为椭圆外切矩形的左上角 y 坐标，right 为椭圆外切矩形的右下角 x 坐标，bottom 为椭圆外切矩形的右下角 y 坐标。

返回值：无。

说明：

该函数使用当前线条样式绘制椭圆。

由于屏幕像素点坐标是整数，因此用圆心和半径描述的椭圆无法处理直径为偶数的情况。而该函数的参数采用外切矩形来描述椭圆，可以解决这个问题。

当外切矩形为正方形时，可以绘制圆。

【例 9-7】用 ellipse()函数画出一个椭圆群。

```
#include<graphics.h>
#include <conio.h>
int main()
{
    int a=150,b;
    initgraph(640, 480); /* 初始化绘图窗口*/
    cleardevice();
    for(b=10;b<=140;b+=10)
    {
        ellipse(320,240,a-b,b);
    }
    getch();
    closegraph();
    return 0;
}
```

程序运行结果如图 9-6 所示。

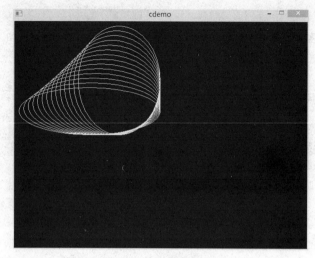

图9-6 椭圆群效果图

9.1.4 图形属性的设置

图形属性的设置包括绘制图形所用的颜色和线型。颜色又分为背景色和前景色，背景色指的是屏幕的颜色，即绘图时的底色；前景色是指绘图时图形线条所用的颜色。背景色和前景色的设置，只对设置后所绘制的颜色和线型有作用，对已经绘制的图形无作用。

1. setcolor()设置前景色

函数 setcolor()用于设置前景颜色，即绘图用的颜色。调用格式为：

```
setcolor(color);
```

其中，color 代表所取的颜色，使用 24bit 真彩色，表示颜色有以下几种办法。

（1）用预定义颜色常量，如表 9-3 所示。

表 9-3 预定义颜色常量表

常量	值	颜色	常量	值	颜色
BLACK	0	黑	DARKGRAY	0x555555	深灰
BLUE	0xAA0000	蓝	LIGHTBLUE	0xFF5555	亮蓝
GREEN	0x00AA00	绿	LIGHTGREEN	0x55FF55	亮绿
CYAN	0xAAAA00	青	LIGHTCYAN	0xFFFF55	亮青
RED	0x0000AA	红	LIGHTRED	0x5555FF	亮红
MAGENTA	0xAA00AA	紫	LIGHTMAGENTA	0xFF55FF	亮紫
BROWN	0x0055ΛΛ	棕	YELLOW	0x55FFFF	黄
LIGHTGRAY	0xAAAAAA	浅灰	WHITE	0xFFFFFF	白

（2）用 16 进制的颜色表示，形式为 0xbbggrr (bb=蓝，gg=绿，rr=红)。

（3）用 RGB 宏合成颜色：RGB 宏用于通过红、绿、蓝颜色分量合成颜色。

```
COLORREF RGB(
    BYTE byRed,      /*颜色的红色部分*/
```

```
    BYTE byGreen,    /*颜色的绿色部分*/
    BYTE byBlue      /*颜色的蓝色部分*/
);
```

参数：

● byRed 为颜色的红色部分，取值范围：0 ~ 255。

● byGreen 为颜色的绿色部分，取值范围：0 ~ 255。

● byBlue 为颜色的蓝色部分，取值范围：0 ~ 255。

返回值：返回合成的颜色。

以下是部分设置前景色的方法，设置效果完全相同。

```
setcolor(0xff0000);/*用 16 进制设置前景色*/
setcolor(BLUE); /*用预定义常量设置前景色*/
setcolor(RGB(0, 0, 255));/* 用 RGB 宏合成设置前景色*/
```

2. setbktcolor()设置背景色

函数 setbkcolor()用于设置绘图时的背景颜色。其调用格式为：

```
setbkcolor(color);
```

其中，color 为一个整型数值，代表所取的颜色，取值与前景色设置相同。

【例 9-8】围棋棋盘绘制。实现用红色、蓝色交替绘制棋盘线。

```
#include <graphics.h>
#include <conio.h>
void main()
{
    int x,y;
    initgraph(640, 480);
    for(y=30,x=40; y<480; y+=30,x+=40)
    {
        if (y/30% 2 == 1||x/40%2==1)      /* 判断奇数行偶数行*/
            setcolor(RGB(255,0,0));
        else
            setcolor(RGB(0,0,255));
        line(0,y,640,y);
        line(x,0,x,480);
    }
    getch();
    closegraph();
}
```

程序运行结果如图 9-7 所示。

3. setlinestyle()设置线型

setlinestyle()函数用于设置当前画线样式。

```
void setlinestyle(
    const LINESTYLE* pstyle
);
void setlinestyle(
    int style,
```

```
    int thickness = 1,
    const DWORD *puserstyle = NULL,
    DWORD userstylecount = 0
);
```

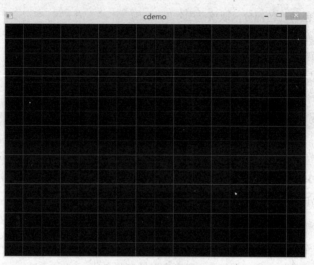

图9-7　围棋棋盘效果图

参数：

（1）pstyle 为指向画线样式 LINESTYLE 的指针；

（2）style 为画线样式，由直线样式、端点样式和连接样式 3 类组成。可以是其中一类或多类的组合。同一类型中只能指定一个样式。

直线样式如表 9-4 所示。

表 9-4　直线样式含义表

值	含　义
PS_SOLID	线形为实线
PS_DASH	线形为虚线
PS_DOT	线形为点线
PS_DASHDOT	线形为虚点线
PS_DASHDOTDOT	线形为双点线
PS_NULL	线形为不可见
PS_USERSTYLE	线形样式为用户自定义，由参数 puserstyle 和 userstylecount 指定

端点样式如表 9-5 所示。

表 9-5　端点样式

值	含　义
PS_ENDCAP_ROUND	端点为圆形
PS_ENDCAP_SQUARE	端点为方形
PS_ENDCAP_FLAT	端点为平坦

连接样式如表 9-6 所示。

表 9-6　连接样式

值	含　义
PS_JOIN_BEVEL	连接处为斜面
PS_JOIN_MITER	连接处为斜接
PS_JOIN_ROUND	连接处为圆弧

（3）Thickness：线的宽度，以像素为单位。

（4）puserstyle：用户自定义样式数组，仅当线型为 PS_USERSTYLE 时该参数有效。

数组第一个元素指定画线的长度，第二个元素指定空白的长度，第三个元素指定画线的长度，第四个元素指定空白的长度，以此类推。

（5）userstylecount：用户自定义样式数组的元素数量。

返回值：无。

示例如下。

设置画线样式为点划线：

```
setlinestyle(PS_DASHDOT);
```

设置画线样式为宽度是 3 像素的虚线，端点为平坦的：

```
setlinestyle(PS_DASH | PS_ENDCAP_FLAT, 3);
```

设置画线样式为宽度是 10 像素的实线，连接处为斜面：

```
setlinestyle(PS_SOLID | PS_JOIN_BEVEL, 10);
```

设置画线样式为自定义样式（画 5 个像素，跳过 2 个像素，画 3 个像素，跳过 1 个像素……），端点为平坦的：

```
DWORD a[4] = {5, 2, 3, 1};
setlinestyle(PS_USERSTYLE | PS_ENDCAP_FLAT, 1, a, 4);
```

9.1.5　填充

填充是指用指定的模式和颜色来填充一个指定的封闭区域。

1. setfillstyle()函数

函数用于设置当前填充样式。

```
void setfillstyle(
    FILLSTYLE* pstyle

);void setfillstyle(
    int style,
    long hatch = NULL,
    IMAGE* ppattern = NULL

);void setfillstyle(
    BYTE* ppattern8x8
);
```

参数：

（1）pstyle 为指向填充样式 FILLSTYLE 的指针。

（2）style 指定填充样式如表 9-7 所示。

表 9-7　patter 填充模式

宏	值	含　义
BS_SOLID	0	固实填充
BS_NULL	1	不填充
BS_HATCHED	2	图案填充
BS_PATTERN	3	自定义图案填充
BS_DIBPATTERN	5	自定义图像填充

（3）hatch 指定填充图案，仅当 style 为 BS_HATCHED 时有效。填充图案的颜色由函数 setfillcolor() 设置，背景区域使用背景色还是保持透明由函数 setbkmode() 设置。hatch 参数如表 9-8 所示。

表 9-8　hatch 参数

宏	值	含　义
HS_HORIZONTAL	0	
HS_VERTICAL	1	
HS_FDIAGONAL	2	
HS_BDIAGONAL	3	
HS_CROSS	4	
HS_DIAGCROSS	5	

（4）ppattern 指定自定义填充图案或图像，仅当 style 为 BS_PATTERN 或 BS_DIBPATTERN 时有效。

当 style 为 BS_PATTERN 时，ppattern 指向的 IMAGE 对象表示自定义填充图案，IMAGE 中的黑色（BLACK）对应背景区域，非黑色对应图案区域。图案区域的颜色由函数 settextcolor() 设置。

当 style 为 BS_DIBPATTERN 时，ppattern 指向的 IMAGE 对象表示自定义填充图像，以该图像为填充单元实施填充。

（5）ppattern8×8 指定自定义填充图案，效果同 BS_PATTERN，该重载以 BYTE[8] 数组定义 8×8 区域的填充图案。数组中，每个元素表示一行的样式，BYTE 类型有 8 位，按位从高到低表示从左到右每个点的状态，由此组成 8×8 的填充单元，将填充单元平铺实现填充。对应的二进制位为 0 表示背景区域，为 1 表示图案区域。

返回值：无。

【例 9-9】填充绘图。

```c
#include <conio.h>
#include <graphics.h>
int main()
{
    initgraph(640, 480);
    cleardevice();
    setfillstyle(2);
    setfillcolor(WHITE);
```

```
    solidrectangle(10,10,300,300);
    getch();
    closegraph();
    return 0;
}
```

程序运行结果如图 9-8 所示。

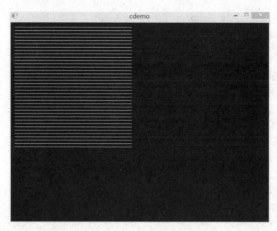

图9-8　运行结果图

2. floodfill()函数

对于指定的一块有界的封闭区域进行填充操作，用函数 floodfill()，其调用格式为：

```
floodfill(x,y,bcolor);
```

参数（x，y）指位于填充区域内任意一点的坐标，该点作为填充的起始点，参数 bcolor 作为填充区域的边界颜色。如果起始点在封闭区域内，则区域内部被填充；如果起始点在封闭区域外，则区域外部被填充。

3. 其他填充函数

以下几个填充函数，均须事先由 setfillstyle()函数指定当前的填充模式和颜色。

（1）绘制并填充实椭圆函数：fillellipse(x,y,rx,ry);

（2）绘制并填充实椭圆扇区函数：sector(x,y,angs,ange,rx,ry);

（3）绘制并填充多边形函数：fillpoly(nps ,*pxy);

任务实现

步骤1：本任务需要绘制图形，应添加包含绘图相关的函数的头文件，#include<graphics.h>。

步骤2：绘制时针、分针和秒针，编写如下程序段。

```
void Draw(int hour, int minute, int second)
{
    double a_hour, a_min, a_sec; /*时、分、秒针的弧度值*/
    int x_hour, y_hour, x_min, y_min, x_sec, y_sec; /*时、分、秒针的末端位置*/
    /* 计算时、分、秒针的弧度值*/
    a_sec = second * 2 * PI / 60;
    a_min = minute * 2 * PI / 60 + a_sec / 60;
```

```
    a_hour= hour * 2 * PI / 12 + a_min / 12;
    /* 计算时、分、秒针的末端位置*/
    x_sec = 320 + (int)(120 * sin(a_sec));
    y_sec = 240 - (int)(120 * cos(a_sec));
    x_min = 320 + (int)(100 * sin(a_min));
    y_min = 240 - (int)(100 * cos(a_min));
    x_hour= 320 + (int)(70 * sin(a_hour));
    y_hour= 240 - (int)(70 * cos(a_hour));
    /*画时针*/
    setlinestyle(PS_SOLID, NULL);
    setcolor(WHITE);
    line(320, 240, x_hour, y_hour);
    /* 画分针*/
    setlinestyle(PS_SOLID, NULL);
    setcolor(LIGHTGRAY);
    line(320, 240, x_min, y_min);
    /*画秒针*/
    setlinestyle(PS_SOLID, NULL);
    setcolor(RED);
    line(320, 240, x_sec, y_sec);
}
```

步骤 3：主函数的实现如下所示。

```
#include <graphics.h>
#include <conio.h>
#include <math.h>
#define PI 3.14159
int main()
{
    initgraph(640, 480);           /* 初始化 640×480 的绘图窗口*/
    /*绘制一个简单的表盘*/
    circle(320, 240, 2);
    circle(320, 240, 60);
    circle(320, 240, 160);
    setwritemode(R2_XORPEN);       /*设置 XOR 绘图模式*/
    /*绘制表针*/
    SYSTEMTIME ti;                 /* 定义变量保存当前时间*/
    while(!kbhit())                /*按任意键退出钟表程序*/
    {
        GetLocalTime(&ti);         /* 获取当前时间*/
        Draw(ti.wHour, ti.wMinute, ti.wSecond);   /* 画表针*/
        Sleep(1000);               /* 延时 1 秒*/
        Draw(ti.wHour, ti.wMinute, ti.wSecond); /* 擦表针（擦表针和画表针的过程是一样的）*/
    }
    closegraph();                  /*关闭绘图窗口*/
}
```

步骤 4：运行效果如图 9-9 所示。

图9-9 运行效果图

任务 9.2 图书超市收银系统欢迎界面的绘制

学习目标

- 掌握图形方式下文本信息输入方法；
- 掌握文字滚动的实现方式。

任务描述

如果在项目运行时直接显示操作菜单会给用户一种较突然的感觉，为了提高用户体验，同时为了展示项目开发团队等信息，可通过欢迎界面来解决这些问题。图书超市收银系统欢迎界面任务主要包括图形初始化、输出文字和文字动态滚动等内容。运行效果如图 9-10 所示。

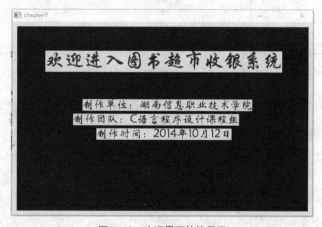

图9-10 欢迎界面的效果图

相关知识

1. BGI 字体

在图形方式下，BGI 提供了两种输出文本的方式：一种是位映像字符（或称点阵字符）；另一种是笔画字体（或称矢量字符）。其中位映象字符为默认方式，即在一般情况下输出文本时，都是以位映象字符显示的。

　　笔画字体不是以位模式表示的，每个字符被定义成一系列的线段或笔画的组合。笔画字体可以灵活地改变其大小，而且不会降低其分辨率。系统提供了 4 种不同的笔画字体，即：小号字体、三倍字体、无寸线字体和黑体。每种笔画字体都存放在独立的字体文件中，文件扩展名为.chr，一般情况下，安装在 bgi 目录下。为了使用笔画字体，必须装入相应的字体文件。

2．文本输出

（1）settextstyle()函数

函数 settextstyle()用于在使用笔画字体之前装入字体文件。其调用格式为：

```
settextstyle(font,direction,csize);
```

函数所需要的 3 个参数，其含义如下。

font：是一个整型数，用来指定所使用的字体，其取值如表 9-9 所示。

表 9-9　font 字体

符号名	数值	含义
DEFAULT_FONT	0	8×8 位图字体（默认）
TRIPLEX_FONT	1	三重矢量字体
SMALL_FONT	2	小号矢量字体
SANSSERIF_FONT	3	无寸线矢量字体
GOTHIC_FONT	4	哥特矢量字体

direction：是一个整型数。用来指定文本的输出方向，取值如表 9-10 所示。

表 9-10　Direction 取值

符号名	数值	含义
HORIZ_DIR	0	从左到右输出（默认）
VERT_DIR	1	从上到下输出

　　csize：是一个整型数，表示字符的大小。该参数实际上是一个放大系数，它表示对 8×8 点阵的放大倍数，其取值的范围是 1~10，它既影响点阵字符，也影响笔画字体。

　　调用 settextstyle()函数后，设置了输出字符的字体、输出方向以及大小，这些设置将影响下面的函数 outtext()和 outtextxy()所产生的文本输出。

（2）outtext()函数

函数 outtext()用于在当前位置输出一个文本字符串。其调用格式为：

```
outtext(*text);
```

参数 text 是一个字符串。例如：

```
outtext("china university of Mining and Technology");将在当前位置输出一个字符串：china
university of Mining and Technology。
```

（3）outtextxy()函数

函数 outtextxy()用于在指定位置输出一个字符串。其调用格式为：

```
outtextxy(x,y,*text);
```

参数 x，y 为指定坐标点，text 为字符串。

任务实现

步骤 1：本任务需要绘制图形，应添加包含绘图相关的函数的头文件。

```
#include<graphics.h>。
```

步骤 2：根据任务要求，编写如下程序段。

```
void welcom()
{
    int i;
    initgraph(640, 400);
    setcolor(RED);
    setbkcolor(YELLOW);
    settextstyle(30, 0, _T("微软雅黑"));
    for(i=380;i>=10;i-=20)
    {
        cleardevice();
        setfillstyle(0);
        setfillcolor(BLUE);
        solidrectangle(10,10,630,390);
        settextstyle(44, 0, _T("华文行楷"));
        outtextxy(70,i,"欢迎进入图书超市收银系统");
        settextstyle(24, 0, _T("华文新魏"));
        outtextxy(150,i+100,"制作单位：湖南信息职业技术学院");
        outtextxy(130,i+130,"制作团队：C 语言程序设计课程组");
        outtextxy(180,i+160,"制作时间：2014 年 10 月 12 日");
        Sleep(400);
    }
    getchar();
    closegraph();
}
```

步骤 3：主函数的实现如下所示。

```
#include<stdio.h>
#include <stdlib.h>
#include<graphics.h>
int main()
{
    welcom();
    return 0;
}
```

步骤 4：运行效果如图 9-10 所示。

项目实战——图形化展示图书超市收银系统售书历史记录

设计与实现图书超市收银系统中售书历史清单数据的统计与分析，查看售书历史记录时能进行信息统计与汇总，并且能以曲线图的形式呈现售书历史信息。

实现步骤如下所示。

（1）在查看售书历史记录时，按日期统计销售量，记录在 num 数组中，days 用于保存售书的时间。

```
system("cls");
printf("售书历史记录\n\n");
FILE *fp;
//days 与 num 分别用来记录天数和当天的销售量
//day 用来记录当前加载到第几天了
//today 用来记录现在处理的天数（用于比较之前的天数，因为如果现在处理的天数与上一天一
致，那么我们的 day 是不需要++的）
int num[9]={0},day=0;
char days[9][6]={"00/00","00/00","00/00","00/00","00/00","00/00","00/00",
"00/00","00/00"},today[6]="00/00";
fp=fopen("data.txt","a+");
for(int k=0;;k++){
    char str[100];
    fscanf(fp,"%s",str);
    if(feof(fp)){
    //这里的 k 用来记录是第几次读取数据，因为我们要判断如果第一次读入就为空就要退出
    if(k){
        fclose(fp);
        break;
     }else{
        printf("没有售书历史记录，赶快去购买几本图书吧 O(∩_∩)O~\n\n");
        fclose(fp);
        break;
     }
}
printf("%s\n",str);//日期是在这里获取
for(int ci=0,cj=15;cj<20;ci++,cj++){
    today[ci]=str[cj];//我们先让 today 保存现在的日期
}
//这里比较上一天与今天是否相同
if(strcmp(days[day],today)){
    //如果不相同但是上次天数是默认值那么我们则覆盖
    if(!strcmp(days[day],"00/00")){
        strcpy(days[day],today);
    }else{
    //如果不相同并且上次天数不是默认值那么我们将 day++表示这是一个全新的天数
        day++;
    //因为我们统计的是近 9 天的日销售量，所以当超过 9 天的时候需要替换掉前面的天数
        if(day>8){
    //这个方法效率低，但是因为我们只有 9 次循环所以这样的代码影响并不大
            for(int zi=0;zi<8;zi++){
                num[zi]=num[zi+1];
                strcpy(days[zi],days[zi+1]);
            }
            day--;
            num[day]=0;
        }
```

```
                    strcpy(days[day],today);
                }
            }
            fscanf(fp,"%s",str);
            printf("%s\n",str);
            for(int i=1;fscanf(fp,"%s",str);i++){
    if(strcmp(str,"----------------------------------------------")){
                printf("%s",str);
                //这里我们要获取数量，以便计算日销售量
                if(i%6==0&&strcmp(str,"数量")){
                int t=0;
                for(int zi=0;str[zi]!='\0';zi++){
                    t=t*10+str[zi]-48;
                }
                num[day]+=t;
            }
        }
        else
            break;
        if(i==6){
            printf("\n");
            i=0;
        }else
            printf("\t");
    }
    printf("%s\n",str);
    fscanf(fp,"%s",str);
    printf("%s\n\n",str);
    }
    OutTable(num,days);
    system("pause");
    fclose(fp);
    break;
```

（2）根据售书日期与每天的售书量参数，绘制出图书销售历史的曲线图。

```
void OutTable(int num[9],char days[9][6])
{
    initgraph(640, 480); // 初始化 640×480 的绘图屏幕
    setcolor(RED);
    line(100,0,100,480);
    line(0,380,640,380);
    line(0,480,100,380);
    setcolor(LIGHTGRAY);
    outtextxy(5,400,"销售量");
    outtextxy(50,450,"日期");
    int i,k;
    for(i = 350,k=1;i>0;i-=30,k++){
        char a[3];
        a[0]=k/2+48;
        if(k%2==0){
```

```
            a[1]='0';
        }
        else{
            a[1]='5';
        }
            a[2]='\0';
            outtextxy(50,i-8,a);
            line(100,i,640,i);
        }
        int stax=100,stay=380;
        for(i = 130,k=0;i<640;i+=60,k++){
            outtextxy(i-10,430,days[k]);
            setcolor(LIGHTBLUE);
            line(stax,stay,i,380-num[k]*6);
            stax=i;
            stay=380-num[k]*6;
            circle(stax,stay,3);
            setcolor(LIGHTGRAY);
        }
    getch();          // 按任意键
 closegraph();        // 关闭绘图屏幕
 }
```

运行效果如图 9-11 所示。

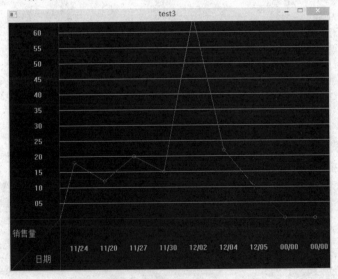

图9-11　图书销售历史曲线图

项目小结

　　本项目主要介绍 C 语言中图形方式初始化、关闭图形方式、图形显示器的工作方式、绘图环境管理、常用的绘直线、绘多边形、绘圆弧等函数、图形属性设置、图形填充以及图形方式下文本输出等知识，通过大量的实例帮助读者理解本章相关知识，让内容更加容易理解。

习题九

一、编程题

1. 编写程序绘制图形：屏幕中央有一个半径为 R1=160 的大圆和一个同心的且半径为 R2=120 的小圆，同时在大圆和小圆中间均匀分布着 12 个与大圆和小圆相切的圆，如图 9-12 所示。

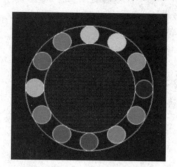

图9-12　圆的效果图

要求：

（1）分别用 12 种不同的颜色和填充模式填充 12 个小圆；

（2）用自定义模式填充中间小圆，且用漫延填充方法填充；

（3）用自定义模式填充中间小圆时，填充模式图案自己设计。

2. 编写程序，描述一辆自行车在一条公路上由右向左行驶的程序，运行效果如图 9-13 所示。

图9-13　行驶的自行车图

Appendix

A

附录 A

C 语言关键字

关键字就是已被编程语言本身使用的标识符，不能用作变量名、函数名等其他用途。C 语言的关键字分为 3 类，如表 A1 所示。

表 A1　C 语言关键字分类表

分　类	说　　明
类型说明符	用于定义、说明变量、函数或其他数据结构的类型。如前面例题中用到的 int、double 等
语句定义符	用于表示一个语句的功能
预处理命令字	用于表示一个预处理命令。如前面各例中用到的 include

在 C 语言中，有 ANSI 标准定义的关键字共 32 个，如表 A2 所示。

表 A2　C 语言关键字与说明

关键字	说　　明	关键字	说　　明
auto	声明自动变量	static	声明静态变量
short	声明短整型变量或函数	volatile	说明变量在程序执行中可被隐含地改变
int	声明整型变量或函数	void	声明函数无返回值或无参数，声明无类型指针
long	声明长整型变量或函数	if	条件语句
float	声明浮点型变量或函数	else	条件语句否定分支（与 if 连用）
double	声明双精度变量或函数	switch	用于开关语句
char	声明字符型变量或函数	case	开关语句分支
struct	声明结构体变量或函数	for	一种循环语句
union	声明共用数据类型	do	循环语句的循环体
enum	声明枚举类型	while	循环语句的循环条件
typedef	用以给数据类型定义别名	goto	无条件跳转语句
const	声明只读变量	continue	结束当前循环，开始下一轮循环
unsigned	声明无符号类型变量或函数	break	跳出当前循环
signed	声明有符号类型变量或函数	default	开关语句中的"其他"分支
extern	声明变量是在其他文件正声明	sizeof	计算数据类型长度
register	声明寄存器变量	return	子程序返回语句（可以带参数，也可不带参数）循环条件

Appendix

B

附录 B

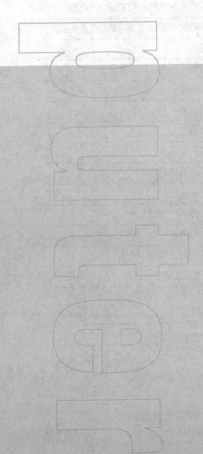

ASCII 字符表

表 B1　ASCII 码对应的十进制值

ASCII（美国信息交换标准码）表							
字符	ACSII 十进制值	字符	ACSII 十进制值	字符	ACSII 十进制值	字符	ACSII 十进制值
NUL	0	space	32	@	64	、	96
SOH	1	!	33	A	65	a	97
STX	2	"	34	B	66	b	98
ETX	3	#	35	C	67	c	99
EOT	4	$	36	D	68	d	100
ENQ	5	%	37	E	69	e	101
ACK	6	&	38	F	70	f	102
BEL	7	'	39	G	71	g	103
BS	8	(	40	H	72	h	104
HT	9	)	41	I	73	i	105
LF	10	*	42	J	74	j	106
VT	11	+	43	K	75	k	107
FF	12	,	44	L	76	l	108
CR	13	−	45	M	77	m	109
SO	14	.	46	N	78	n	110
SI	15	/	47	O	79	o	111
DLE	16	0	48	P	80	p	112
DCI	17	1	49	Q	81	q	113
DC2	18	2	50	R	82	r	114
DC3	19	3	51	X	83	s	115
DC4	20	4	52	T	84	t	116
NAK	21	5	53	U	85	u	117
SYN	22	6	54	V	86	v	118
ETB	23	7	55	W	87	w	119
CAN	24	8	56	X	88	x	120
EM	25	9	57	Y	89	y	121
SUB	26	:	58	Z	90	z	122
ESC	27	;	59	[	91	{	123
FS	28	<	60	/	92			124
GS	29	=	61	]	93	}	125
RS	30	>	62	^	94	~	126
US	31	?	63	—	95	DEL	127

表 B2　特殊字符说明表

NUL 空	SOH 标题开始	STX 正文开始	ETX 正文结束	EOT 传输结束	ENQ 询问字符	ACK 承认	BEL 报警	BS 退一格
HT 横向列表	LF 换行	VT 垂直制表	FF 走纸控制	CR 回车	SO 移位输出	SI 移位输入	DLE 空格	DC1 设备控制 1
DC2 设备控制 2	DC3 设备控制 3	DC4 设备控制 4	NAK 否定	SYN 空转同步	ETB 信息组传送结束	CAN 作废	EM 纸尽	SUB 换置
ESC 换码	FS 文字分隔符	GS 组分隔符	RS 记录分隔符	US 单元分隔符	DEL 删除			

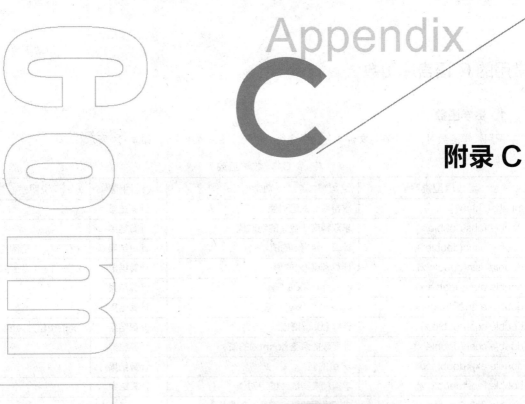

Appendix

C

附录 C

常用的 C 语言库函数

1. 数学函数

调用数学函数时，要求在源文件中包含命令行：#include <math.h>，如表 C1 所示。

表 C1　数学函数

函数原型说明	功能	返回值	说明
int abs(int x)	求整数 x 的绝对值	计算结果	
double fabs(double x)	求双精度实数 x 的绝对值	计算结果	
double acos(double x)	计算 $\cos^{-1}(x)$ 的值	计算结果	x 在−1~1 范围内
double asin(double x)	计算 $\sin^{-1}(x)$ 的值	计算结果	x 在−1~1 范围内
double atan(double x)	计算 $\tan^{-1}(x)$ 的值	计算结果	
double atan2(double x)	计算 $\tan^{-1}(x/y)$ 的值	计算结果	
double cos(double x)	计算 $\cos(x)$ 的值	计算结果	x 的单位为弧度
double cosh(double x)	计算双曲余弦 $\cosh(x)$ 的值	计算结果	
double exp(double x)	求 e^x 的值	计算结果	
double fabs(double x)	求双精度实数 x 的绝对值	计算结果	
double floor(double x)	求不大于双精度实数 x 的最大整数		
double fmod(double x, double y)	求 x/y 整除后的双精度余数		
double frexp(double val, int *exp)	把双精度 val 分解尾数和以 2 为底的指数 n，即 $val=x*2^n$，n 存放在 exp 所指的变量中	返回位数 x $0.5 \leq x < 1$	
double log(double x)	求 lnx	计算结果	x>0
double log10(double x)	求 $\log_{10}x$	计算结果	x>0
double modf(double val, double *ip)	把双精度 val 分解成整数部分和小数部分，整数部分存放在 ip 所指的变量中	返回小数部分	
double pow(double x,double y)	计算 x^y 的值	计算结果	
double sin(double x)	计算 $\sin(x)$ 的值	计算结果	x 的单位为弧度
double sinh(double x)	计算 x 的双曲正弦函数 $\sinh(x)$ 的值	计算结果	
double sqrt(double x)	计算 x 的开方	计算结果	x≥0
double tan(double x)	计算 $\tan(x)$	计算结果	
double tanh(double x)	计算 x 的双曲正切函数 $\tanh(x)$ 的值	计算结果	

2. 字符函数

调用字符函数时，要求在源文件中包含命令行：#include <ctype.h>，如表 C2 所示。

表 C2　字符函数

函数原型说明	功能	返回值
int isalnum(int ch)	检查 ch 是否为字母或数字	是，返回 1；否则返回 0
int isalpha(int ch)	检查 ch 是否为字母	是，返回 1；否则返回 0

续表

函数原型说明	功能	返回值
int iscntrl(int ch)	检查 ch 是否为控制字符	是，返回 1；否则返回 0
int isdigit(int ch)	检查 ch 是否为数字	是，返回 1；否则返回 0
int isgraph(int ch)	检查 ch 是否为 ASCII 码值在 0×21 到 0×7e 的可打印字符（即不包含空格字符）	是，返回 1；否则返回 0
int islower(int ch)	检查 ch 是否为小写字母	是，返回 1；否则返回 0
int isprint(int ch)	检查 ch 是否为包含空格符在内的可打印字符	是，返回 1；否则返回 0
int ispunct(int ch)	检查 ch 是否为除了空格、字母、数字之外的可打印字符	是，返回 1；否则返回 0
int isspace(int ch)	检查 ch 是否为空格、制表或换行符	是，返回 1；否则返回 0
int isupper(int ch)	检查 ch 是否为大写字母	是，返回 1；否则返回 0
int isxdigit(int ch)	检查 ch 是否为 16 进制数	是，返回 1；否则返回 0
int tolower(int ch)	把 ch 中的字母转换成小写字母	返回对应的小写字母
int toupper(int ch)	把 ch 中的字母转换成大写字母	返回对应的大写字母

3. 字符串函数

调用字符函数时，要求在源文件中包含命令行：#include <string.h>，如表 C3 所示。

表 C3　字符串函数

函数原型说明	功能	返回值
char *strcat(char *s1,char *s2)	把字符串 s2 接到 s1 后面	s1 所指地址
char *strchr(char *s,int ch)	在 s 所指字符串中，找出第一次出现字符 ch 的位置	返回找到的字符的地址，找不到返回 NULL
int strcmp(char *s1,char *s2)	对 s1 和 s2 所指字符串进行比较	s1<s2，返回负数；s1==s2，返回 0；s1>s2，返回正数
char *strcpy(char *s1,char *s2)	把 s2 指向的串复制到 s1 指向的空间	s1 所指地址
unsigned strlen(char *s)	求字符串 s 的长度	返回字符串中字符（不计最后的'\0'）个数
char *strstr(char *s1,char *s2)	在 s1 所指字符串中，找出字符串 s2 第一次出现的位置	返回找到的字符串的地址，找不到返回 NULL

4. 输入输出函数

调用字符函数时，要求在源文件中包含命令行：#include <stdio.h>，如表 C4 所示。

表 C4　输入输出函数

函数原型说明	功能	返回值
void clearer(FILE *fp)	清除与文件指针 fp 有关的所有出错信息	无
int fclose(FILE *fp)	关闭 fp 所指的文件，释放文件缓冲区	出错返回非 0，否则返回 0
int feof (FILE *fp)	检查文件是否结束	遇文件结束返回非 0，否则返回 0
int fgetc (FILE *fp)	从 fp 所指的文件中取得下一个字符	出错返回 EOF，否则返回所读字符
char *fgets(char *buf, int n, FILE *fp)	从 fp 所指的文件中读取一个长度为 n−1 的字符串，将其存入 buf 所指存储区	返回 buf 所指地址，若遇文件结束或出错返回 NULL

续表

函数原型说明	功能	返回值
FILE *fopen(char *filename, char *mode)	以 mode 指定的方式打开名为 filename 的文件	成功，返回文件指针（文件信息区的起始地址），否则返回 NULL
int fprintf(FILE *fp, char *format, args, ...)	把 args，...的值以 format 指定的格式输出到 fp 指定的文件中	实际输出的字符数
int fputc(char ch, FILE *fp)	把 ch 中字符输出到 fp 指定的文件中	成功返回该字符，否则返回 EOF
int fputs(char *str, FILE *fp)	把 str 所指字符串输出到 fp 所指文件	成功返回非负整数，否则返回-1（EOF）
int fread(char *pt, unsigned size, unsigned n, FILE *fp)	从 fp 所指文件中读取长度 size 为 n 个数据项存到 pt 所指文件	读取的数据项个数
int fscanf (FILE *fp, char *format, args, ...)	从 fp 所指的文件中按 format 指定的格式把输入数据存入到 args，...所指的内存中	已输入的数据个数，遇文件结束或出错返回 0
int fseek (FILE *fp, long offer, int base)	移动 fp 所指文件的位置指针	成功返回当前位置，否则返回非 0
long ftell (FILE *fp)	求出 fp 所指文件当前的读写位置	读写位置，出错返回 -1L
int fwrite(char *pt, unsigned size, unsigned n, FILE *fp)	把 pt 所指向的 n*size 个字节输入到 fp 所指文件	输出的数据项个数
int getc (FILE *fp)	从 fp 所指文件中读取一个字符	返回所读字符，若出错或文件结束返回 EOF
int getchar(void)	从标准输入设备读取下一个字符	返回所读字符，若出错或文件结束返回-1
char *gets(char *s)	从标准设备读取一行字符串放入 s 所指存储区，用'\0'替换读入的换行符	返回 s,出错返回 NULL
int printf(char *format, args, ...)	把 args，...的值以 format 指定的格式输出到标准输出设备	输出字符的个数
int putc (int ch, FILE *fp)	同 fputc	同 fputc
int putchar(char ch)	把 ch 输出到标准输出设备	返回输出的字符，若出错则返回 EOF
int puts(char *str)	把 str 所指字符串输出到标准设备，将'\0'转成回车换行符	返回换行符，若出错，返回 EOF
int rename(char *oldname, char *newname)	把 oldname 所指文件名改为 newname 所指文件名	成功返回 0，出错返回-1
void rewind(FILE *fp)	将文件位置指针置于文件开头	无
int scanf(char *format, args, ...)	从标准输入设备按 format 指定的格式把输入数据存入到 args，...所指的内存中	已输入的数据的个数

5. 动态分配函数和随机函数

调用字符函数时，要求在源文件中包含命令行：#include <stdlib.h>，如表 C5 所示。

表 C5　动态分配函数和随机函数

函数原型说明	功能	返回值
void *calloc(unsigned n, unsigned size)	分配 n 个数据项的内存空间，每个数据项的大小为 size 个字节	分配内存单元的起始地址；如不成功，返回 0
void *free(void *p)	释放 p 所指的内存区	无
void *malloc(unsigned size)	分配 size 个字节的存储空间	分配内存空间的地址；如不成功，返回 0
void *realloc(void *p, unsigned size)	把 p 所指内存区的大小改为 size 个字节	新分配内存空间的地址；如不成功，返回 0
int rand(void)	产生 0~32767 的随机整数	返回一个随机整数
void exit(int state)	程序终止执行，返回调用过程，state 为 0 正常终止，非 0 非正常终止	无

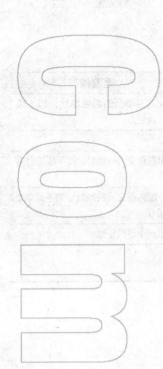

Appendix

D

附录 D

运算符和结合性

优先级	运算符	含义	要求运算对象的个数	结合方向
1	( )	圆括号		自左至右
	[ ]	下标运算符		
	->	指向结构体成员运算符		
	.	结构体成员运算符		
2	!	逻辑非运算符	1 （单目运算符）	自右至左
	~	按位取反运算符		
	++	自增运算符		
	--	自减运算符		
	-	负号运算符		
	（类型）	类型转换运算符		
	*	指针运算符		
	&	取地址运算符		
	sizeof	长度运算符		
3	*	乘法运算符	2 （双目运算符）	自左至右
	/	除法运算符		
	%	求余运算符		
4	+	加法运算符	2 （双目运算符）	自左至右
	-	减法运算符		
5	<<	左移运算符	2 （双目运算符）	自左至右
	>>	右移运算符		
6	< <= > >=	关系运算符	2 （双目运算符）	自左至右
7	==	等于运算符	2 （双目运算符）	自左至右
	! =	不等于运算符		
8	&	按位与运算符	2 （双目运算符）	自左至右
9	^	按位异或运算符	2 （双目运算符）	自左至右
10			按位或运算符	2 （双目运算符）	自左至右
11	&&	逻辑与运算符	2 （双目运算符）	自左至右
12	||	逻辑或运算符	2 （双目运算符）	自左至右
13	? :	条件运算符	3 （三目运算符）	自右至左

续表

优先级	运算符	含义	要求运算对象的个数	结合方向
14	= += -= *= /= %= >>= <<= &= ^= !=	赋值运算符	2（双目运算符）	自右至左
15	,	逗号运算符（顺序求值运算符）		自左至右

说明：

（1）同一优先级的运算符，运算次序由结合方向决定。例如，*与/具有相同的优先级别，其结合方向为自左至右，因此 3*5/4 的运算次序是先乘后除。–和++为同一优先级，结合方向为自右至左，因此–i++相当于–(i++)。

（2）不同的运算符要求有不同的运算对象个数，如+（加）和–（减）为双目运算符，要求在运算符两侧各有一个运算对象（如 3+5，8–3 等）。而++和–（负号）运算符是单目运算符，只能在运算符的一侧出现一个运算对象（如–a,i++,--i,(float)i,sizeof(int), *p 等）。条件运算符是 C 语言中唯一的三目运算符，如 x?a:b。

（3）从上表中可以大致归纳出各类运算符的优先级：

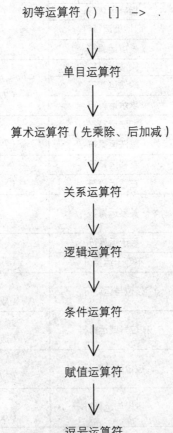

初等运算符（） ［ ］ ->

单目运算符

算术运算符（先乘除、后加减）

关系运算符

逻辑运算符

条件运算符

赋值运算符

逗号运算符

以上的优先级别由上到下递减。初等运算符优先级最高，逗号运算符优先级最低。位运算符的优先级比较分散（有的在算术运算符之前，如 ~，有的在关系运算符之前，如<<和>>，有的在关系运算符之后，如&、^、！）。为了容易记忆，使用位运算符时可加圆括号。